AI世代

從政治哲學反思人工智慧的衝擊

THE POLITICAL PHILOSOPHY OF AI

MARK COECKELBERGH
馬克·科克爾柏格 著
鄭楷立 譯

用哲學把握現實

曾瑞明（香港大學哲學博士，自由寫作者）

哲學裡不乏奇思妙想，比如美國政治哲學家羅爾斯（John Rawls）的無知之幕（veil of ignorance）、諾齊克（Robert Nozick）的感受機器（experience machine），還有希哲柏拉圖（Plato）的蓋吉斯之戒（The Ring of Gyges）都是比較出名的思想實驗（thought experiment）。然而，哲學到底不是純思遊戲，各種理論和探討的出發點往往是出於對現實的關懷。羅爾斯想做的，其實是透過排除我們的階級、性別和不同社會位置的考慮，以找出無偏私的分配方法，好讓社會有合乎正義之法。諾齊克則想指出當代的效益主義對人的錯誤理解，人並不只是感受和慾望的載體。柏拉圖要問的是我們在沒有懲罰等後果下，我為何要道德（why should I be moral）。可見，哲學家有更深邃的問題佔據著他／她，去指導他／她的探究。

然而，現在的世界可說是比從前更難以想像了。科技的發展，特別是人工智慧，衝擊了我們對社會和自我的想像。人工智慧似乎無所不知，無所不能，不少行業面臨挑戰，翻譯家面對的是前所未有的對手，律師找案例的能力對電腦來說是小菜一碟。既然有人工智慧了，還要人來做什麼？樂觀者表示或有新工種的出現，但我們仍然要問，人工智慧跟過去的機器或科技創新真的一樣嗎？因為人工智慧也是有創造力的，現在連發明的工作都可以交給人工智慧了！

在這種情況下，我們或者感到惶恐，或者期待美麗新世界。但世界有些東西仍不會變，那就是政治秩序仍然存在、國族國家（nation state）的格局依然存在、權力的運用和壓迫依然駭人。我們要問的是，人工智慧是否會令壓制和不平等惡化，是否會挑戰民主制度，甚至強化極權？然而，這些問題卻是被忽略的、不被重視的。

政治哲學在此就扮演著極其重要的角色。當大家仍沉醉於後冷戰和福利國家等框框去展開政治哲學思考時，我們不得不佩服馬克・科克爾柏格（Mark Coeckelbergh）已做好了對新時代討論的一番預備。這位維也納大學哲學系教授的其中一本前作《人工智慧倫理學》（*AI: Ethics*）早成為筆者對人工智慧作倫理哲學探討的啟蒙著作，而新作《AI世代：從政治哲學反思人工智慧的衝擊》（*The Political Philosophy of AI: An Introduction*）更是夢寐以求的作品。我與作者的看法一致，人工智慧不但衝擊我們的倫理思維，其政治影響力更是不容低估；而政治哲學跟倫理學並不會是同一種討論，我們不能把政治哲學看成是實用倫理學而已。人工智慧關乎自由、平等、正義和權力等重要政治哲學課題。當本書的英文版在二〇二二年出版時，筆者就立即找來閱讀，作者正正指出人工智慧充滿了政治性，而非只是一種工具或者關於智能（intelligence）的東西，但這些討論，相較於倫理學上的討論卻顯得貧乏。而這本著作絕對能填補這方面的空白。

筆者一直關注不平等（inequality）的課題，於是也就特別在意人工智慧會否加劇不平等的情況。作者指出透過機器學習（machine learning）的人面辨識系統愈來愈被依賴，但我們卻未曾思考人工智慧是否是大公無私的，或演算法內有沒有偏見（bias）的問題。我們其實無從知道，程式人員是怎樣教育人工智慧，也不知程序人員本身帶著怎樣的世界觀和怎樣的偏見。而人卻總是有著偏見——正是因為這些偏見，可能使得一些弱勢族群在申請信用卡，申請工作時遭遇困難，因為人工智慧早就將他們排拒在外，在此同時，我們大多數人卻還相信人工智慧只是公平地運作。

在認清人工智慧其實與政治和政治哲學有關之後，我們當然會更想知道其他概念如何可以幫助我們把握人工智慧。第二章談自由，就讓我們對英國政治哲學家柏林（Isaiah Berlin）那兩種自由，即「積極自由」和「消極自由」有了新的體會。比如在網購平台，演算法不斷向我推介新產品，在其中我有真正意義上的自我掌控（積極自由）嗎？或者，在這世代只講消極自由真的足夠嗎？

第四章談的是民主。同樣，當言論和信息可以被演算法所控制時，我們政治信念的形塑就已經不是可以用理性和審議來解釋，而是各種勢力操控下的結果。這樣的話，民主的價值將更難維持、更難捍衛。我們都知道雖然民主不是萬能，卻是最能尊重個人意見與決定的政治制度，但是如果根本沒有所謂「我」的決定，民主跟極權又有何異？

筆者特別喜歡第五章，作者引入權力（power）的概念做討論。作者並不止步於對自由主義式政治哲學的興趣，更能對傅柯（Michel Foucault）和馬克思（Karl Marx）的理論做出合理的引用。這些哲學家未必能講出什麼是正義，但對不正義和各種壓迫卻注意且描述得更深，因為他們看出了權力的不對等關係。馬克思要求我們正視具體的歷史和社會背景，我們的社會有兩個階級，擁有生產工具（means of production）的資本家和沒有生產工具的大眾，而人工智慧一旦被資本家所用，那麼會如何與資本主義結合，如何有利於資本家的剝削（exploit）？今天，我們對人工智慧的使用無從置喙，我們僅有作為「使用者、用戶」的微弱權力（比如向OpenAI投訴ChatGPT最近變「懶惰」了），但對應否使用以及如何使用，我們畢竟只是被餵食的「觀眾」。在這種視角下，我們並沒有太大信心能對人工智慧的使用感到樂觀。

政治哲學作為一種公共哲學，可以透過概念的把握和澄清，以及理論的建構和各種說理活動，讓公民對公共議題有參與和討論。這本書是導論性質，但足以成為人文學科學生的入門書，更是公共空間活躍者們應該要人手一本的參考書。華人世界對於人工智慧的討論興趣並不算高，也許仍受「科技歸科技，政治歸政治」、「科技中立」種種思維的影響，但哲學有著澄明的性質，可以讓我們看清現實，不被眩目的新知阻礙我們理解本質上不變的權力世界。

目次

導論

「我猜是電腦弄錯了」：在二十一世紀的約瑟夫．K

> 一定是有人在陷害約瑟夫．K，因為一天早上，他在沒有犯下任何錯誤的情況下被逮捕了。（Kafka, 2009: 5）

這是法蘭茲．卡夫卡（Franz Kafka）的《審判》（*The Trial*）的第一句話，這本書出版於一九二五年，並且被廣泛地認為是二十世紀最重要的小說之一。故事的主人翁約瑟夫．K被捕並起訴，但是他並不知道為什麼，讀者對此也一無所知。後續的許多探索和遭遇只是增加這一切的不透明性，而在一次不公平的審判後，約瑟夫．K被一把屠刀處決，「就像隻狗一樣」（165）。該故事曾以許多方式來詮釋，一種政治觀點是，它顯示了制度可以有多麼壓迫，且其描述不僅反映了現代官僚制度的權力崛起，還預示了發生在十年後的納粹政權的恐怖：人們在沒有做錯任何事情的情況下被逮捕並送往集中營，面臨各式各樣的苦痛，甚至是死亡。正如阿多諾（Theodor W. Adorno）所說：卡夫卡提供了一個「實現了恐怖與折磨的預言」（Adorno, 1983: 259）。

不幸的是，卡夫卡的故事在今日仍具有現實意涵。這不僅是因為仍存在著一個不透明的官僚制度與壓迫性政權，它們在毫無正當理由，且有時是毫無審判的前提下逮捕人們；或是因為（正如鄂蘭〔Hannah Arendt〕和阿岡本〔Giorgio Agamben〕早已指出的那樣）難民們經常遭受一種類似的命運；同時也因為現在有了一種新的方式，在其中這一切甚至都會發生在一個所謂的「進步」社會中，且事實上**已經**在發生了：一個與科技有關，特別是與人工智慧（artificial intelligence）有關的東西。

在二〇二〇年一月的一個星期四的下午，羅伯特・朱利安—伯查克・威廉斯（Robert Julian-Borchak Williams）在他的辦公室裡接到一通來自底特律警局的電話，要求他到警局接受逮捕——而既然他並未做過任何錯事，他並未前往。一個小時以後，他在自家門前的草坪上被逮捕了，在他的妻子和小孩面前，並且根據《紐約時報》（*the New York Times*）的報導：「警方不願說明原因」（Hill, 2020）。後來，在審訊室裡，警探們向他展示了一名黑人在一家高檔精品店行竊的監視畫面，然後問說：「這是你嗎？」身為非裔美國人的威廉斯先生回：「不，這不是我。你認為所有黑人都長得一樣嗎？」很久以後他才被釋放，並且到最後，起訴的檢察官也道了歉。

發生了什麼事?《紐約時報》的記者與她所諮詢的專家懷疑,「他的案例可能是已知的第一起美國人基於『臉部辨識演算法』(facial recognition algorithm)的錯誤配對而被錯誤逮捕的案例。」以機器學習的形式來使用人工智慧的臉部辨識系統是有缺陷的,而且很有可能還存在著偏見:它對白人男性的識別效果比對其他人口群體的效果更好。該系統因此產生了誤報(false positives),比如在威廉斯先生的案件中,再加上警方工作不力,導致了人們因為他們並未犯下的罪行而被捕。「我猜是電腦弄錯了」,其中一名警探這麼說。在二十一世紀的美國,約瑟夫·K是一名黑人,因演算法錯誤而遭指控,並且毫無解釋。

該故事的寓意不僅在於電腦犯下了那些會帶給特定人們與他們的家庭嚴重後果的錯誤,更在於人工智慧的使用會加劇現存的系統性不正義和不平等。以像是威廉斯先生這樣的案例,我們可以說,所有的公民在關於他們的決定做成之時都應當有得到解釋的權利。此外,這只是人工智慧能對政治有所影響的眾多方式之一,有時候是有意的,但往往是無意的。這個特殊案例提出了有關種族主義(racism)和(不)正義的問題——兩個當前的問題。但是關於人工智慧與科技相關的政治問題,還有許多可以說的。

本書的理論依據、目標與方法

雖然目前由人工智慧以及機器人技術（robotics）與自動化等相關科技所引發的**倫理**議題受到了廣泛的關注（Bartneck et al., 2021; Boddington, 2017; Bostrom, 2014; Coeckelbergh, 2020; Dignum, 2019; Dubber, Pasquale, & Das, 2020; Gunkel, 2018; Liao, 2020; Lin, Abney, & Jenkins, 2017; Nyholm, 2020; Wallach & Allen, 2009），但從一種**政治哲學**（political philosophy）的角度來探討這一主題的著作少之又少。這是令人遺憾的，該主題本身就非常適合這樣一種探究，卻把政治哲學傳統中的寶貴的智識資源留著不用。從他們的角度來看，儘管一般來說，人們對於該主題的興趣與日俱增，例如演算法和大數據如何被使用來強化種族主義與各式各樣的不平等與不正義（例如 Bartoletti, 2020; Criado Perez, 2019; Noble, 2018; O'Neil, 2016），以及如何汲取及消耗地球資源（Crawford, 2021），但大多數的**政治哲學家**都未曾觸及人工智慧之政治的這個主題（Benjamin, 2019a; Binns, 2018; Eubanks, 2018; Zimmermann, Di Rosa, and Kim, 2020 除外）。

此外，雖然在當前的**政治脈絡**下，許多的公眾注意被指向像是自由、奴役、種族主義、殖民主義（colonialism）、民主（democracy）、專業知識（expertise）、權力和氣候等議題上，但是這些話題往往以一種好似它們與科技關係不大的方式來進行討論，反之亦然。人工智慧與機器人技術被視作技術性主題，而**如果**與政治產生掛鉤，科技就被視作用於政治操控或是監控的工具。通常，非預期性的效果仍得不到解決。另一方面，在人工智慧、數據科學與機器人技術領域工作的**研發人員與科學家們**通常願意在他們的工作中把倫理議題納入考量，但卻沒有意識到這些議題所涉及的複雜的政治與社會問題，更不用說意識到可以用來指出並解決這些問題的成熟的政治哲學討論。此外，與大多數不習慣系統性思考科技與社會的人們一樣，他們傾向於預設科技本身是中性的，以及一切都取決於開發及使用它的人類的觀點。

對這一種關於科技的天真概念加以質問是**技術哲學**（philosophy of technology）的專長，技術哲學在它當代的形式中已經對科技的非工具性理解有了一些進展：科技不只是達成某個目的的手段而已，還塑造了這些目的（有關一些理論的概述，參見Coeckelbergh, 2019a）。然而，在使用哲學框架與概念基礎對科技進行規範性評價時，技術哲學家通常會求助於倫理學（例如Gunkel, 2014; Vallor, 2016）。政治哲學在很大的程度上仍被忽視。只有一些哲學家建立了這種聯繫：例如，在二十世紀的八〇年代和九〇年代，溫納（Langdon Winner, 1986）和芬柏格（Andrew Feenberg, 1999），以及今日的薩塔羅夫（Faridun Sattarov, 2019）和薩特拉（Henrik Skaug Sætra, 2020）。在技術哲學與政治哲學的連接上還須要做更多的工作。

這是一個學術鴻溝，也是一種社會需求。如果我們想要解決一些二十一世紀最為迫切的全球與在地議題，諸如氣候變遷（climate change）、全球不平等、老齡化（aging）、新型態的排他（new forms of exclusion）、戰爭、威權主義（authoritarianism）、傳染病與流行病等等，那麼每一個問題都不只是政治上相關的，也以各種方式與科技相連，因而在政治思考與科技思考之間創造一種對話是重要的。

本書將填補這些間隙，並透過以下的方式來回應：

- 把關於人工智慧與機器人技術的規範性問題，與在政治哲學中的主要討論進行連結，同時使用政治哲學史及其更為近期的研究；
- 指出當前政治所關注的爭議性核心問題，更進一步把這些問題與關於人工智慧與機器人技術的問題連結起來；
- 顯示這如何不只是在應用政治哲學上的一種練習而已，還能對這些當代科技中往往隱而不顯的政治維度引領出有趣的洞見；

- 展示出人工智慧與機器人技術的科技是如何同時產生預期和非預期的政治影響，而這可以透過政治哲學進行有益的討論；
- 從而同時對技術哲學與應用政治哲學做出原創性的貢獻。

因此，本書使用政治哲學以及技術哲學和倫理學，旨在（1）更好地理解由人工智慧與機器人技術所提出的規範性議題，以及（2）揭示急迫性的政治議題和它們與這些新科技的使用糾纏在一起的方式。我在此使用「糾纏」（entangled）一詞來表達政治議題與關於人工智慧的議題之間的緊密連結，這個想法是說後者**本**就是政治性的。本書的指導思想是，人工智慧不只是一個技術問題，也不只是關於智慧的問題，它在政治與權力方面不是中立的。人工智慧是**徹頭徹尾政治的**。在每一章中，我將展示並討論人工智慧的政治維度。

與其上演一場關於人工智慧之政治的空泛討論，我將透過深入研究當代政治哲學的具體主題來探討這個總體論題。每一章都將側重在一組特定的政治哲學論題：自由、操控、剝削和奴役；平等、正義、種族主義、性別歧視（sexism）以及其他形式的偏見與歧視；民主、專業知識、參與和極權主義（totalitarianism）；權力、規訓（disciplining）、監控以及自我構成（self-constitution）；動物、環境和氣候變遷與後人類主義（posthumanism）和超人類主義（transhumanism）之間的關係。每個論題都將依據人工智慧、數據科學、以及諸如機器人技術的相關科技，它們的預期和非預期的效果來進行討論。

如同讀者所注意到的，這種按照主題和概念進行劃分的做法在某種程度上是人為的，但我們會逐漸清楚地看到，存在著許多方式得以讓這些概念及這些主題和章節，相互聯繫並相互作用。例如，自由原則可能會與平等原則產生張力，而討論民主和人工智慧則不可能不討論權力。其中一些連結將在本書的進程中明確闡述，其他的則留給讀者去思索，但是所有的章節都顯示了人工智慧將如何影響這些關鍵的政治議題，以及人工智慧是如何具有政治性。

然而，本書不僅是關於人工智慧而已，也是關於政治哲學的思考本身。這些關於人工智慧之政治的討論，將不只是在應用哲學中——更具體來說，是應用政治哲學——的演練而已，而且還將回饋到政治哲學的概念本身。它們顯示了新科技如何使我們關於自由、平等、民主、權力等概念備受質疑；以及在人工智慧和機器人技術的時代裡，這些政治原則與政治哲學概念意味著什麼。

本書結構與各章概述

本書共分七章，在第二章中，我提出了與自由之政治原則相關的問題。當人工智慧提供制定、操控和影響我們決策的新方式時，自由意味著什麼？當我們為有權力的大型公司提供數位勞動時，我們有多自由？而由機器人取代工人是否導致了奴役思想的延續？本章依據不同的自由概念進行架構。透過連結在政治哲學和助推理論（nudging theory）中關於自由的長期討論（消極自由〔negative freedom〕與積極自由〔positive freedom〕），本章討論了由演算法決策和影響所提供的可能性，並指出在人工智慧建議的基礎上，消極自由會被如何剝奪，質疑透過人工智能手段的自由至上主義式的助推到底有多大，並以黑格爾（G. W. F. Hegel）和馬克思（Karl Marx）為基礎提出批判性的問題，顯示機器人的意義與使用，是如何與奴役和資本主義剝削的歷史及現況持續聯繫在一起。本章最後以人工智慧與與自由（作為政治參與和言論自由的自由）之討論來結尾，這將在論民主的第四章中繼續討論。

第三章問道：人工智慧與機器人，就平等與正義的方面來說產生了哪些（通常是非預期的）政治效果？由機器人技術所帶來的自動化與數位化是否加劇了社會中的不平等呢？人工智慧的自動決策是否會導致不義的歧視、性別歧視與種族主義，如同魯哈・班雅明（Ruha Benjamin, 2019a）、諾布爾（Safiya Umoja Noble, 2018）與克里亞朵・佩雷茲（Caroline Criado Perez, 2019）所說的那樣呢，並且如果是的話，為什麼？機器人的性別化是有問題的嗎？又怎麼會呢？在這些討論中所使用的正義與公平的意涵是什麼？本章把關於人工智慧所造成的自動化與歧視的辯論，置於自由主義哲學傳統（例如羅爾斯〔John Rawls〕和海耶克〔Friedrich Hayek〕）關於（不）平等與（不）正義作為公平的經典政治哲學討論的脈絡之下，但也與馬克思主義（Marxism）、批判女性主義（critical feminism）、與反種族主義、以及反殖民主義思想連結起來。它提出了關於在普遍正義的概念與基於群體認同和積極性差別待遇（positive discrimination）的正義之間的緊張關係的問題，並討論了有關代間正義（intergenerational justice）與全球正義（global justice）的議題。本章將以人工智慧演算法從來都不是政治中立的論題，作為結尾。

在第四章中，我討論了人工智慧對民主的衝擊。人工智慧可以被用來操控選民和選舉，那麼由人工智慧帶來的監控是否會摧毀民主？它是否如祖博夫（Shoshana Zuboff, 2019）所主張的那樣服侍於資本主義呢？而我們是否正走向一種「數據法西斯主義」（data fascism）和「數據殖民主義」（data colonialism）呢？我們所謂的民主究竟是什麼意思呢？本章把關於民主與人工智慧的討論置於民主理論的脈絡下，討論專家在政治中的角色，並研究極權主義的條件。首先，雖然很容易看出人工智慧可能怎麼威脅民主，但我們想要什麼樣的民主，以及科技在民主中的作用是什麼和應該要是什麼的問題，如果想要對這些問題更加明確，卻難上許多。本章概述了柏拉圖式的技術官僚的政治概念與參與式和審議式民主的理念（杜威〔John Dewey〕和哈伯瑪斯〔Jürgen Habermas〕）之間的張力，而後者亦有其批判者（慕芙〔Chantal Mouffe〕和洪席耶〔Jacques Rancière〕）。這個討論將與諸如訊息泡泡（information bubbles）、同溫層效應（echo chambers）以及由人工智慧驅策的民粹主義（AI-powered populism）聯繫起來。其次，本章認為，透過科技實現的極權主義的問題指向了在現代社會中更深層的、長期存在的問題，諸如孤獨（loneliness，鄂蘭所使用的概念）與缺乏信任，因為關於倫理的討論只關注對於個人的傷害，卻忽視了這個更廣泛的社會及歷史維度。本章最後指出鄂蘭（2006）所謂的「平庸的邪惡」（the banality of evil）的危險，尤其當人工智慧被用作企業操控與管理人民的官僚化工具的時候。

第五章討論人工智慧與權力。人工智慧如何可能用作規訓與自我規訓？它如何影響知識，以及轉換並形塑現存的——在人類與機器之間，以及人類之間，甚至是人類內部——的權力關係？誰會從中受益？為了提出這些問題，本章重回關於民主、監控與監控資本主義的討論，同時還介紹了傅柯（Michel Foucault）對權力的複雜觀點，其強調了權力的微觀機制在制度、人類關係和身體層面上的運作。首先，本章建立了一個概念框架，用於思考關於在權力與人工智慧之間的關係；然後，本章借用三種權力的理論以闡述其中的一些關係——馬克思主義與批判理論，傅柯與巴特勒（Judith Butler），以及一種以展演（performance）為導向的取徑。這使得我得以揭示人工智慧（與由人工智慧所產生）的誘導與操控，及它所生產的剝削、自我剝削與資本主義脈絡，以及數據科學標記、分類與監控人類的歷史；也指出了人工智慧可以賦予人類權力的方式，並且透過社群媒體在自我和主體性的建構中發揮作用的方式。此外，有人主張從科技展演的角度來看待人工智慧與人類在此的做為，以此可以指出，科技在組織我們移動、行動與感知上發揮著愈來愈重要的、超越工具性的作用。而我表明，這些（科技）權力的行使總是有著一個主動的與社會的維度，它同時涉及了人工智慧與人類。

在第六章中，我介紹了有關非人類的問題。就像大多數的人工智慧倫理一樣，經典的政治討論是以人類為中心的，但是這可以且已經在至少兩個面向上受到質疑。首先，在政治上，人類是唯一重要的事物嗎？人工智慧帶給非人類的後果會是什麼？並且，人工智慧對於應對氣候變遷來說是一種威脅還是一個機遇，抑或兩者都是？其次，人工智慧系統與機器人它們本身能否擁有政治地位，例如公民身分？像是後人類主義者便質疑傳統的人類中心主義的（anthropocentric）政治觀點。此外，超人類主義者已經聲稱，人類將被超級智能的人工智能體所取代，而如果一個超級智能接管人類，會產生什麼樣的政治影響呢？這會是人類自由、正義與民主的終結嗎？從動物權與環境理論（Singer, Cochrane, Garner, Rowlands, Donaldson and Kymlicka, Callicott, Rolston, Leopold etc.）、後人類主義（Haraway, Wolfe, Braidotti, Massumi, Latour, etc.）、人工智慧與機器人技術的倫理（Floridi, Bostrom, Gunkel, Coeckelbergh, etc.），與超人類主義（Bostrom, Kurzweil, Moravec, Hughes, etc.）的理論資源之中，本章探究超越人類的人工智慧政治的概念，並說明這一種政治會需要一種對諸如自由、正義與民主的概念的重新省思，把非人類納入其中，並將會為人工智慧與機器人技術提出新的問題。本章以以下的主張作結：一種人工智慧的非人類中心主義觀點，重新塑造了人類與人工智慧的關係的兩個方面——人類不僅被人工智能**剝奪**並**賦予**權力，還賦予了人工智慧權力。

最後一章總結本書，並得出以下結論，（1）有鑒於像是人工智慧與機器人技術的科技發展，我們目前在政治與社會討論中所在乎的議題，諸如自由、種族主義、正義與民主，呈現出一種新的急迫性與相關性；以及（2）把人工智慧與機器人技術之政治加以概念化，並不是簡單地從政治哲學與政治理論中應用現有的概念而已，而是邀請我們詰問這些概念本身（自由、平等、正義與民主等），並且對政治的本質與未來，以及對我們人類自身提出問題。本章還主張，有鑒於科技與社會的、環境的以及存在心理學的改變與轉型緊密糾纏，在二十一世紀的政治哲學再也無法迴避海德格（Martin Heidegger, 1977）所謂的「關於科技的問題」。本章隨後概述了在這個領域中需要採取的一些後續步驟。我們需要更多的哲學家在這個領域中展開工作，並且需要對政治哲學與技術哲學之間的聯繫進行更多的研究，希望能進一步促進一種政治與科技的「共同思考」（*zusammendenken*）。我們還需要更多關於如何讓人工智慧的政治更具參與性、公共性、民主性、包容性，並且敏於全球脈絡與文化差異的思考。本書以這個問題作結：我們需要什麼樣的**政治技術**來塑造未來？

#自由

人工智慧的操控與機器人奴役

導言：歷史上的自由宣言與當代奴役

自由（freedom或是liberty，我將交替使用這兩個詞彙）被認為是在自由民主國家中最重要的政治原則之一，這些國家的憲法旨在保障公民們的基本自由。例如，在一七九一年所通過的《美國憲法》（*the US Constitution*）的第一修正案，其作為《權利法案》（*the Bill of Rights*）的一部分，保障了像是宗教自由、言論自由和集會自由等個人自由；德國在一九四九年所通過的基本法（*Grundgesetz*）規定，人身自由是不可侵犯的（第二條）。歷史上，一七八九年法國的《人權與公民權利宣言》（*Declaration of the Rights of Man and of the Citizen*）影響深遠。它根植於啟蒙思想（盧梭〔Jean Jacques Rousseau〕與孟德斯鳩〔Charles Louis de Secondat, Baron de La Brède et de Montesquieu〕），並且是在法國大革命時期與湯瑪斯．傑弗遜（Thomas Jefferson），美利堅合眾國的創始者之一，也是一七七六年《美國獨立宣言》（*US Declaration of Independence*）的主要作者，求教後發展起來的。該宣言在其序言中已宣布說「人人生而平等」，並且他們擁有「不可被剝奪的權利」，包括「生命、自由與追求幸福的權利」。法國《人權與公民權利宣言》的第一條規定：「人人生而自由，並始終享有自由且平等的權利」，雖然這個宣言仍將婦女排除在外，也沒有禁止奴役，但它是權利與公民自由宣言之歷史的一部分，這一歷史始於一二一五年的《大憲章》（*Magna Carta*）（《自由大憲章》〔*Magna Carta Libertatum*〕或偉大的自由憲章〔the great charter of freedoms〕），並終於在一九四八年十二月由聯合國大會所通過的《世界人權宣言》（*the Universal Declaration of Human Rights*，UDHR）來規定「人人生而自由，在尊嚴與權利上一律平等」（第一條），以及「任何人都不得遭受奴隸或奴役」（第四條）（UN, 1948）。

然而，在世界上的許多國家裡，人們仍舊遭受威權政體對於他們自由的威脅或侵害、壓迫，並對其提出抗議。抗議往往帶來致命的後果：例如，可以回想當代的土耳其、白俄羅斯、俄羅斯、中國與緬甸是如何對待政治上的反對派。而雖然奴隸制是違法的，但新型態的奴役至今仍持續不斷。根據國際勞工組織（International Labour Organization）的估計，全球約有四千多萬人處於某種形式的強迫勞動或是強迫性剝削之中，例如在家務工作或是性產業之中（ILO, 2017）。其透過販運在國家內部發生，婦女和孩童特別受到影響；它發生在北韓（North Korea）、厄利垂亞（Eritrea）、蒲隆地（Burundi）、中非共和國（the Central African Republic）、阿富汗（Afghanistan）、巴基斯坦（Pakistan）與伊朗

（Iran），但也在像是美國與英國等國家內持續存在。根據全球奴役指數（the Global Slavery Index），二〇一八年在美國估計約有四十萬三千人在強迫勞動的條件下進行工作（行走自由基金會〔Walk Free Foundation〕，2018: 180）。西方國家也進口可能在生產地涉及現代奴役的物品和服務。

但是自由究竟意味著什麼，而在人工智慧與機器人技術的發展之下，政治自由又意味著什麼？要回答這些問題，要先讓我們看看一些對於自由的威脅，或是說，對**不同類型的自由**的威脅。要先讓我們檢視一下由政治哲學家所發展出的一些重要的自由概念：消極自由、作為自主的自由（freedom as autonomy）、作為自我實現與解放的自由（freedom as self-realization and emancipation）、作為政治參與的自由（freedom as political participation）以及言論自由。

人工智慧、監控與執行法律：剝奪消極自由

正如我們在緒論中所看到的，人工智慧可以被用於執行法律，還可以用於邊境治安（border policing）與機場安全。橫跨世界各地，在機場和過境點都在採用臉部辨識科技與其他生物辨識科技，例如指紋採印與虹膜掃描。除了有招致偏見

與歧視的風險（參見下一章）和威脅隱私（聯合國區域犯罪與司法研究院〔UNICRI〕與國際刑警組織〔INTERPOL〕，2019）之外，也可能導致各種侵犯一個人**自由**的各種干預措施，包括逮捕與監禁。如果人工智慧科技犯下一個錯誤（像是把一個人錯誤歸類、無法辨識一張面孔），那麼一個人可能會被錯誤地逮捕、庇護否決、公開指控等等。一個「小的」誤差幅度可能會影響成千上萬的旅客（Israel, 2020）。同樣地，使用機器學習來「預知」犯罪，即所謂的**預測性警務**（predictive policing），除了（再次）歧視之外，還可能導致無法證成（justification）的剝奪自由的司法決定。更廣泛地說，它可能會導致「卡夫卡式」（Kafkaesque）的情況：不透明的決策過程與恣意的、無法證成的以及無法解釋的決策，並將嚴重影響被告的生活，且威脅到法治（Radavoi, 2020: 111-13; 另見 Hildebrandt, 2015）。

在此岌岌可危的自由，便是政治哲學家所謂的「消極自由」。以撒・柏林（Isaiah Berlin）給消極自由下了一個著名的定義，即不受干涉的自由（freedom from interference）。它涉及這樣一個問題：「主體——一個人或是一群人——在什麼範圍內可以或是應該在不受其他人干涉的情況下去做，或是去成為他有能力做的或是成為的東西？」（Berlin, 1997: 194）。消極自由，即是不受他人或是國家的干涉、強迫或是阻礙。而當人工智慧被用來辨識那些構成安全風險的人們、那些據稱無權獲得移民或是庇護的人們、或是那些犯下罪行的人們的時候，這種自由便危在旦夕。受到威脅的自由便是一種要求不受到干涉的自由。

有鑒於監控科技的發展，人們可以把這一自由概念擴展為不受干涉之**風險**的自由。當人工智慧科技被用於監控以讓人們處於一種奴役或是剝削的狀態時，這種消極自由便岌岌可危，這項科技創造了無形的鎖鏈與時刻監視的非人之眼，相機或是機器人總是存在著。如同人們經常觀察到的那樣，這種情況類似於傑瑞米・邊沁（Jeremy Bentham）以及後來傅柯所謂的全景式監獄（Panopticon）：囚犯們被監看著，但是他們看不到監視者（另見關於權力的第五章）。而像是在早期的監禁或是奴役形式那樣的人身限制或是直接的監督，已不再必要，只要該項科技能在那監控人們便足夠了。從技術上來說，它甚至不需要有所動作，只須將此與測速照相對比一下：不論它是否確實地運作，都已經影響，特別是**規訓**了人類的行為，而這正是該相機之設計的一部分。知道你正無時不刻受到監視，或是可能無時不刻受到監視，就足以規訓你了。只要存在著被干涉的風險就足夠了——這創造了一個人的消極自由將被剝奪的恐懼。這不僅可以在監獄和校園中使用，也可以在工作環境中使用，以便監控員工們的表現。監控往往是隱蔽的，我們看不到那個演算法、數據與使用這些數據的人。由於這隱蔽的一面，布魯姆（Peter Bloom, 2019）在談到「虛擬權力」（virtual power）時是有些誤導的。但是權力是真實的。

人工智慧監控不僅由政府用於執行法律上，或是用在企業環境與工作脈絡中，它也被運用在私領域中。例如，在社群媒體上，不僅存在著「縱向的」監控（由國家與社群媒體公司來實施），也存在著同儕監控或是「橫向的」監控：社群媒體用戶在演算法的媒介下互相監視。並且還存在著**逆向監視**（sousveillance）（Mann, Nolan, and Wellman, 2002）：人們使用可攜式裝置來記錄正在發生的事情。由於諸多原因，這是有問題的，但是其中一個原因是它威脅到了自由——在此，這可以意味著擁有隱私的消極自由，理解為在個人領域中不受干涉的自由。隱私在一個自由主義的，即自由的社會中，通常被看作是一項基本權利，但是在一個鼓吹分享文化的社會裡，這可能會面臨危險。如同貝利斯（Carissa Véliz, 2020）所言：「自由主義所要求的不過是，除了保護諸多的個人與培育一種有益的集體生活所需要的東西之外，沒有任何其他事物應該受到公眾的檢視。曝光文化卻要求一切都與公眾分享，並受到公眾的監督」（110）。完全的透明度因此威脅了自由社會，而科技巨擘在其中便扮演著一個重要的角色。在使用社群媒體時，我們自願地創建關於我們自身的數位檔案，其中包含著我們願意分享的各種個人的詳細訊息，而沒有任何政府老大哥強迫我們提供，或是不得不以秘密的方式煞費苦心地來獲取；而相反地，科技公司公然且無恥地取走這些數據。像是Facebook這類的平台，不僅是一個威權政體的春夢，同時也是一個資本家的春夢。人們創建檔案並追蹤**他們自己**，例如用於社交目的（會議），也用於健康監測。

此外，這類資訊將會並且已經被用來對人們進行執法。例如，基於一名婦女的Fitbit設備（一種活動與健康監測器）數據的分析，美國政府指控她謊報強姦案（Kleeman, 2015）。Fitbit數據也被用於一起美國的謀殺案（BBC, 2018）。來自社交網站與手機的數據也可以被用於預測性警務，這可能對個人自由造成影響。然而，即便不受干涉的自由沒有受到威脅，這個問題也存在於社會層面，並影響著不同類型的自由，諸如作為自主的自由（參見下一節）。正如沙勒夫（Daniel J. Solove, 2004）所言：「它是一個牽涉到我們正在成為什麼樣的社會的問題，牽涉到我們思考的方式、我們在更大的社會秩序中的位置，以及我們對我們生活進行有意義控制的能力的問題」（35）。

話雖如此，但是當牽涉到以科技手段來威脅消極自由時，該議題就會變得非常物理。機器人可以被用來對人們進行物理性約束，例如出於安全或是執行法律的目的，也可以出於「人們自身的利益」與安全考量。想像一個情境，當一個年幼的孩童或是一個有個認知障礙的老年人，在沒有監看的情況下冒險橫越一條危險的馬路，或是有從窗戶墜落的風險——在這類案例中，一個機器可以被用來限制那一個人，例如透過防止那個人離開房間或是離開住所。這是一種家父長主義（paternalism，下一節將詳細介紹），透過監控的手段以及一種物理形式的干涉來限制消極自由。夏基（Amanda Sharkey & Noel Sharkey, 2012）甚至認為，使用機器人來限制該名長者的行動是「走向一種威權主義機器人技術的滑坡」。這一種透過人工智慧與機器人科技來監控並限制人類的場景，似乎比那個在遙遠的、科幻小說中超級智能的人工智慧掌握權力的場景——它也可能導向自由的剝奪——來得更加現實。

任何使用人工智慧或是機器人技術去限制人們的消極自由的人，都必須證明為什麼有必要去侵犯如此基本的自由。如同約翰．彌爾（John Stuart Mill, 1963）在十九世紀提出的觀點認為，當涉及強制時，舉證責任應該要由主張限制或是禁止的人來承擔，而不是捍衛消極自由的人來承擔。在侵犯隱私、執行法律或是家父長式的行動限制的情況下，限制者有責任去表明存在著一種相當巨大的傷害風險（彌爾），或是存在著另一項比自由來得更加重要的原則（例如正義）——無論是在一般情況或是在特定情況下。而當科技出現錯誤（在導論中的錯誤匹配案例）或是當科技本身造成傷害時，要證成這類使用與干預就會變得更加困難。舉例來說，臉部辨識可能導致無法得證的逮捕與監禁，或是當一個機器人在限制某個人的時候可能會造成傷害。此外，除了效益主義以及更為一般的結果論框架之外，人們還可以從一種義務論的觀點來強調自由的權利，例如在國家與國際宣言中所銘記的自由權。

然而，考量到這些當科技產生（非預期的）傷害性效果的案例時，顯然除了自由之外還存在著更多的危險。在自由與其他政治原則與價值之間還存在著緊張與權衡。消極自由是非常重要的，但是可能還有其他同樣重要的政治與倫理原則，並且它們（應該）在特定案例中發揮作用。該以哪項原則為準，並非永遠清楚，舉例來說，雖然為了去防止一種特定的傷害（例如從窗戶墜落）而限制一個小孩的消極自由是可以得證的，這點可能無比清楚，但是對於一個患有失智症狀的老年人，或是一個據說「非法」生活在某個特定國家的人來說，這類對於自由的限制是否得以證成，就不那麼清楚了。況且為了保護一個人的消極自由與其它的政治權利，進而限制另一個人的消極自由（例如透過監禁的手段），是否得以證成呢？

應用彌爾的傷害原則（harm principle）也是出了名地困難。在一個特定案例中，究竟是什麼確切地構成傷害，誰來界定對誰造成了哪種傷害，以及誰的傷害更加重要？究竟什麼才算得上是對消極自由的限制呢？舉例來說，考慮一下在COVID-19大流行期間，在特定場所配戴口罩的義務便引發了關於這些問題的爭議：誰需要更多保護來避免傷害（之風險），以及配戴口罩是否剝奪了消極自由？這些問題也與人工智慧的使用有關。例如，即使一項特定的人工智慧科技在運作時不會出錯，但涉及了掃描與臉部辨識的機場安全檢查程序，其本身是否就是一種對我不受干涉的自由的侵犯呢？手動搜查是否屬於這一類侵犯呢？而如果是的話，它是否比一台掃描器來得更加侵犯呢？一項臉部辨識的錯誤，其本身是否構成了傷害呢，還是那取決於安全人員的潛在傷害行為呢？而如果所有的這一切都藉由訴諸恐怖主義的風險來得到證成的話，那麼，這種小機率（但是高度影響）的風險，是否就得以證成當我跨越邊境時對於我的消極自由進行干涉的措施，並得以證成我暴露在科技所創造的新風險，包括了由於一種科技錯誤，使得我的消極自由被剝奪的風險呢？

人工智慧與人類行為的操縱：規避人類的自主性

但是如果這些問題關乎消極自由的話，那什麼是積極自由？存在著許多方式來定義積極自由，但其中一種由柏林所定義的核心意義與自主（autonomy）或是自我治理（self-governance）有關。在此的問題是，你的選擇是否真的是你的選擇，而不是其他人的選擇。柏林（1997）寫道：

> 「自由」一詞的「積極」意義是源自於個人想要成為自己的主人的期望。我希望我的生活與決定取決於我自己，而不是取決於任何類型的外部力量……最重要的是，我希望能夠意識到自己是一個有思想、有意志並且主動的存在，是一個能夠為我自己的選擇負起責任，並且能夠透過我自身的思想和目的來解釋它們。（203）

這種自由不是與在監禁或是阻礙意義上的干涉形成對比，而是與家父長主義形成對比：其他某個人決定了對你來說什麼才是最好的。柏林認為，威權統治者區分了高階的自我與低階的自我，聲稱他知道你的高階自我真正想要的是什麼，然後以那個高階的自我為名義來壓迫人民。這種自由並非關於不存在外在限制或是物理性規訓，而是一種對於你的欲求與選擇的心理狀態的干涉。

那這跟人工智慧有什麼關係呢？要了解這點，便須考慮一下助推的可能性：改變選擇的環境，從而更動人們的行為。助推的概念利用了人類決策的心理學，特別是在人類決策中的偏差。塞勒與桑斯坦（Richard H. Thaler & Cass R. Sunstein, 2009）提出助推作為以下問題的解方——即不能去相信人們會做出理性的決定，反而是使用捷思法（heuristics）與偏見來做出決定。他們認為，我們應該透過改變他們的選擇環境來影響人們的決策過程，使其朝向可欲的方向發展。我們不是強迫人們，而是更動他們的「選擇結構」（6）。舉例來說，不禁止垃圾食物，而是在超市中與視線齊平的顯眼位置提供水果。這種干預因此是在潛意識中進行的，它針對的是我們與蜥蜴的大腦相同的那個部分（20）。現在，人工智慧可以被用於，並且已經被用於這種助推方式，例如當電子商務公司亞馬遜向我推薦它認為我應該想要購買的產品。同樣地，當音樂串流媒體平台Spotify建議特定音樂時，它似乎在主張它比我更了解我自己。這類推薦系統進行了助推，雖然它們並不限制我對書籍或是音樂的選擇，但卻透過演算法所建議的方向來影響我的購物、閱讀和聆聽的行為。相同的科技可以被政府用作於，例如把行為導向一個更加環境友善的方向。

這種干預沒有剝奪人們的選擇自由或是行動自由，並不存在任何強迫。這就是為什麼塞勒與桑斯坦把助推稱之為一種「自由至上主義式的家父長主義」（libertarian paternalism）（5）。它並不違背人們的意願。因此，其不同於典型的家父長主義，例如由德沃金（Ronald Dworkin, 2000）所定義的那樣：「國家或是個人在違背他們的意願下對另一個人進行干涉，並且以一種被干涉者將過得更好或是免於傷害的主張來作為理由或是進行辯護」。典型的家父長主義顯然違反了消極自由，助推則引導人們做出最符合他們自身利益的選擇，同時不像德沃金所描述的那樣限制他們的自由。或是用柏林的語彙來說：助推並不違反消極自由，既然並不存在著外部限制。舉例來說，一個想要促進其公民健康的政府，可以要求菸草公司在香菸包裝放上吸菸致死的警告，或是要求超市在諸如收銀台的特定醒目位置撤下香菸。這項政策並不禁止香菸，而是要求製造商與通路商在會影響人們做出選擇的地方採取助推的行為。同樣地，一個由人工智慧來驅動的推薦系統沒有強迫你購買一本特定的書或是聆聽一首特定的音樂，但是仍可能影響了你的行為。

雖然這不是一種對於消極自由的威脅，沒有人被強迫做某件事或是去決定什麼，但是由人工智慧所進行的助推，卻是一種對於積極自由的威脅。透過對人們的潛意識心理產生作用，它操控他們，毫不尊重他們作為一種能設定自身目標、做出自身選擇的理性的人。諸如廣告和政治宣傳（propaganda）等潛意識的操控形式並不新穎，但是助推卻假裝是自由至上主義的，並且在人工智慧的推進之下，很有可能會產生一種無所不在的影響；助推可以由企業或是國家來進行，例如以「造就一個更好的社會」的名義為之。但是以柏林（1997）的角度，人們可以說，以社會改革的名義而違反積極自由，是有辱人格的：「去操控人們，推動他們朝向你——即社會改革者——所看到、但是他們可能沒有看到的目標，就是去否定他們的人性本質，把他們當作沒有自身意志的客體，從而貶低了他們」（209）。根據柏林的說法，家父長主義是「對於我自己作為一個人的一種羞辱」（208），因為它未能尊重我作為一個想要做出我自身的選擇並塑造我自身的生活的自主存在。而這種指控似乎也適用於所謂的「自由至上主義式」的家父長主義的助推，在這種情況下，人們甚至沒有意識到他們的選擇正受到影響，例如在超級市場之中。

這使得由人工智慧來進行的助推至少是高度可疑的，並且就像所有對消極自由的侵犯一樣，**初步來說**是無法得證的（無法得證，除非另有證明）。而仍想以這種方式來使用該科技的人就必須辯稱，存在著一個比積極自由更加重要的原則和好處。舉例而言，人們可以說，一個人的健康與生活比尊重他或她的自主權更加重要，或是說人類與其他物種的存續，比起那些不了解自己對於氣候的影響，或是不願意為了解決這個問題來貢獻一己之力的人的積極自由，還來得更加重要。雖然假定來說，對於積極自由的侵犯被視為比違背消極自由來得較不具爭議性，但重要的是去理解在此危殆的是什麼東西：把人們視為可以並且必須為了他們自身利益或是社會利益而加以操控的對象（例如，用助推來對抗肥胖）的風險，無視他們自主選擇與理性決策的能力；並把他們當作達成目的的手段（例如，實現氣候目標的手段），而這些目的是其他人（例如，政府與綠色改革者）獨立於他們所構思出來的。目的（例如，好的目標們）是什麼時候以及為什麼得以證成手段、證成這類貶低是正當的，如果有的話？而又是誰來決定這些目標的？

將人們理解為主要且根本上非理性，且不容討論，這也是一種對於人性本質與社會非常悲觀的看法，其與湯瑪士・霍布斯（Thomas Hobbes）的政治哲學是一脈相承的。根據霍布斯（1996）在英格蘭十七世紀中葉時的說法，自然狀態（a state of nature）是一種只會有競爭與暴力的惡劣狀態。為了避免這種情況，他認為需要一個政治權威，一個利維坦（Leviathan）來維持秩序。同樣地，自由至上主義式的家父長主義對於人們自己建立一個對於他們自己和社會都有益的社會秩序的能力感到悲觀，家父長主義認為那種社會秩序必須透過操控的手段由上而下地施加，例如透過人工智慧。而其他的政治哲學家，像是在十八世紀的盧梭和在二十世紀的杜威與哈伯瑪斯，則對人性保持著一種更為樂觀的看法，並且相信在政治的民主形式中，人們被視作有能力自願致力於共善（common good）、理性審議，並爭取共識。根據這類觀點，人類既不應受到控制（對消極自由的限制、專制主義），也不應該受到操控（對積極自由的限制、家父長主義）；他們完全有能力限制他們自己，有能力理性思考，並且超越自身利益，相互討論什麼東西對社會來說是有益的。就這種觀點而言，社會並非原子化的個體的一種集合體，而是一個旨在實現共善的公民共和國。與其他捍衛哲學**共和主義**（philosophical republicanism）的人一樣，盧梭（1997）回顧了古希臘城邦國家，並認為共善可以透過主動的公民身分與參與來實現，並且公民們應該順從「普遍意志」（a general will），形成一個平等者的共同體。雖然在盧梭的案例裡，在他的觀點中存在著一個臭名昭彰的問題，即人應該被**強迫自由**，也就是，被迫「在聽取（自己的）傾向之前先諮詢（自己的）理性」（53）並且順從於普遍意志；但是他反對專制主義，並且一般來說他對人性的看法是樂觀的：自然狀態是好的並且早就是社會性的了。他還同意像是柏拉圖（Plato）和亞里斯多德（Aristotle）等古代哲學家的觀點，即在個人的層次上，透過運用理性並克制激情，那麼作為自主的自由既是可以實現的也是可欲的（一個我們也可以在德性倫理學〔virtue ethics〕中找到的觀點）。鑒於這類理念，人工智慧可以發揮什麼作用仍是一個開放性的問題。在第四章中，我將進一步概述關於民主的可能性與相關理念的不同觀點，並且在關於權力的第五章，我將進一步說明關於人工智慧與自我構成。

對於自我實現與解放的威脅：人工智慧的剝削與機器人奴隸的問題

對自由的另一個威脅，不是來自於干涉一個人的消極自由或是進行助推，而是來自於對一種不同的、更具關係性的自由之侵犯：在資本主義的脈絡下，由其他人透過勞動來進行的壓迫與剝削，或甚至是（公開地）透過強迫他人進入一段奴役與支配的關係之中。雖然這可能涉及到對於個人之消極自由的限制——當然，當我是奴隸的時候我無法做我想做的事情，並且**甚至不能進入一個對我所想要的東西而言至關重要的位置**，因為從一開始我就不被視作為一個政治的主體——且雖然壓迫也可能與積極自由之侵犯（剝削）結合在一起——這些現象也提出關於了有關**自我實現**、**自我發展**與**解放**的問題，與正義與平等的問題相連（另見下一章），並關乎人類**社會關係**的品質、勞動的價值，以及勞動與自然與自由的關係，以及如何建構社會的問題——但是在此受到威脅的那種自由，是一種關係性的自由，它不是關於內在欲求的管理或是關於把他人視作是外部威脅，而是關於建立更好的社會關係與社會。

對於這種自由的概念來說，黑格爾與馬克思是靈感的來源。根據黑格爾，透過工作來轉化自然將帶來自我意識與自由。這可以追溯到在《精神現象學》（*the Phenomenology of Spirit*）中著名的主奴辯證法：當主人依賴於他的慾望，奴隸則透過工作來獲得自由之意識。而馬克思借用了勞動帶來了自由的這個想法，在他的手中，自由不再是像柏林的消極與積極自由那樣，是一個與不受限制或是心理自主有關的個人主義式的概念，而是一種更加社會性的、唯物主義的、以及歷史的概念。對黑格爾與馬克思來說，自由是奠基在社會互動之上；它並不對立於依賴，勞動與工具擴展了我們的自由。這種自由是有歷史的，它同時也是一部社會與政治的歷史，以及（我們可以添加上去）一部科技史。馬克思認為，透過科技，我們可以轉化自然並同時創造我們自己。透過勞作，我們發展我們自己並行使我們的人類能力。

然而，馬克思也認為，在資本主義之下，這變得不太可能，因為工人受到異化和剝削。工人們非但沒有解放並實現他們自己，反而變得更不自由，因為他們逐漸與他們的產品、與其他人、並且最終與他們自己相異化。在他的《一八四四年經濟學哲學手稿》（*Economic and Philosophic Manuscripts of 1844*）中，馬克思（1977: 68-9）寫道，工人他們本身成為了商品，成為了他們所生產的對象以及佔有這些產品的人的僕役。工人們非但沒有肯定他們自己，反而折磨了他們的身體並摧毀了他們的心靈，使得勞動成為被迫而非自由（71）。隨著他們的勞動成為「在另一個人的支配、脅迫與枷鎖之下，為服務而進行的一個活動」時（76），他們逐漸疏離了他們自己。在這種情況下，科技不僅沒有帶來自由，反而成為一個異化的工具。與之相對，馬克思認為共產主義將會是自由之實現，這被理解為（再一次）自我實現（self-realization）與自由人聯合體（association of free people）。

這種自由的概念對於人工智慧與機器人技術來說意味著什麼？

首先，人工智慧與它的擁有者需要數據。社群媒體與其他的應用程式需要我們的數據，而我們作為這些程式的使用者，我們便是生產這些數據的工人們。福克斯（Christian Fuchs, 2014）就曾說，社群媒體與諸如Google等等的搜尋引擎沒有帶來解放，而是被資本主義所殖民。我們正在為社群媒體公司與他們的客戶（廣告商）提供免費勞動：我們生產了一個商品（數據），而它被賣給公司。這是一種剝削的形式，資本主義需要我們不斷地工作與消費，包括需要我們使用電子設備來生產數據。我們大多數人都生活在一個全天候的資本主義經濟之中，我們唯一能找到的「自由」便是在睡眠之中（Crary, 2014; Rhee, 2018: 49）；而即便我們在床上，手機也渴求著我們的注目。此外，我們所使用的設備往往是在「奴隸般的條件」下所生產出來的（Fuchs, 2014: 120）；正如它們仰賴於人們生產、汲取礦物以用來製造的辛勤勞動一樣，人工智慧服務也仰賴低薪勞工們，他們負責清理並標記數據、訓練模型等等（Stark, Greene, and Hoffmann, 2021: 271）。然而，根據馬克思從作為自我實現的自由角度所進行的分析來看，當我使用社群媒體時，問題不只是在於我正在從事免費勞動，而其他人被剝削來實現我的社交媒體樂趣（這可以根據馬克思的《資本論》〔*Capital*〕中的政治經濟學取徑來進行分析：由工人們所創造的價值超出了它們自身的勞動成本，並且被資本家們所佔有），問題更在於它沒有帶來我的自我發展與自我實現，因而沒有帶來自由。相反地，我自己成為了一個對象：一個數據的集合（另見第五章）。

其次，機器人是一種經常被用於自動化的科技，而這所產生的效果可以用馬克思式的人類自由概念來描述。首先，機器人以機械的形式出現，其助長了由馬克思所描述的異化現象：工人們成為機械的一部分，並失去透過工作來實現它們自己的機會。這種情況早已在工業生產領域中發生，不久也可能發生在服務產業，例如在零售商或是餐飲業（例如在日本）。此外，正如馬克思所描述的那樣，機械的使用不僅帶來惡劣的工作條件與工人們的身心惡化，還導致了失業。使用機器人來取代人類工人創造了一個失業人士的階級，他們只能出賣他們的勞動力（無產階級）；而這不僅對於那些失去工作的人們來說是不好的，還會降低那些仍在就業的人的工資（或是把工資保持在法律所允許的最低水準）。此外，有些人認為他們的工作貶值了：他們的工作也可以由一個機器人來完成（Atanasoski and Vora, 2019: 25）。而其結果，在剝削以及缺乏自我實現的機會的意義上，是不自由。

雖說今日人們普遍認同機器人技術與人工智慧將很有可能對就業帶來影響（Ford, 2015），但對於這些發展的預計速度與程度卻存在著分歧的意見。史迪格里茲（Joseph Stiglitz）等經濟學家預測會出現一場嚴重的崩壞，並且對於轉型的人力成本提出警告。科里內克（Antone Korinek）與史迪格里茲（2019）說明，勞動市場將受到重大的崩壞，導致更大的收入不平等、更多的失業狀況以及一個更加分裂的社會，除非個人們對於對抗這些影響採取預防措施，並且採取正確的重分配形式（諸如歐洲的社會福利民主政體所特有的形式）。此外，人工智慧的社會經濟後果在所謂的先進社會與全球南方（the Global South）之間可能有所不同（Stark, Greene, and Hoffmann, 2021）。從一個馬克思式的觀點來看，這些議題可以由平等的角度來加以概念化，也可以由作為自我實現的自由的角度來概念化。低薪和失業的壞處不僅是因為它們威脅人類物理上的生存，也在於它們使得人們較不政治地自由，因為他們無法實現自己。

反對這類觀點的一些人認為，機械將把人類從骯髒、繁重、危險或是無聊的工作中解放出來，騰出時間給閒暇與自我實現，由機械取代所導致的失業因而是受到歡迎的，是作為通往自由之路的第一步。這類觀點不像黑格爾和馬克思那樣把勞動視為是通往自由的途徑，而是採用了古代的亞里斯多德的想法，即自由是關於把你自己從生活的必需中解放出來。根據亞里斯多德的看法，忙於生活必需的是奴隸的事情，而不是自由人的。然而，馬克思主義者們不僅不會同意這種勞動觀，並且還指出亞里斯多德的社會是建立在奴役之上的：政治菁英只能透過剝削他人來享受他們的特權生活。對此，一位對通常稱之為「閒暇社會」的捍衛者可以回覆說，科技會終結人類奴役的問題，而失業的後果可以由一個社會安全體系來解決，例如透過全民基本收入（universal basic income），它會確保沒有人會是貧窮的，包括那些因為機械而失業的人們。但是馬克思主義者可能會說，人工智慧資本主義實際上可能根本不再需要人類了：在這個場景下，資本獲得了「擺脫了人性作為積累的一個生物性障礙的自由」（Dyer-Witheford, Kjøsen, and Steinhoff, 2019: 149）。

這些議題掀起了進一步的哲學問題。舉例來說，從一個黑格爾的角度來看，人們可能會擔心說，如果所有的人類都成為了主人（機械的主人），它們就會缺乏自我實現的機會並受到慾望的左右，屆時可能會受到資本家們的操控與剝削。主人會反過來成為被剝削的消費者：一種新的、不同類型的奴隸。在某種程度上，這似乎早已是今日的狀況了。正如馬庫色（Herbert Marcuse, 2002）所言，消費社會帶來了新的支配形式。不僅主人依賴於他們所控制的機械，作為消費者，他們也再次受到支配。此外，把主奴辯證法牢記於心，一旦他們用機械取代奴隸，主人（在這個場景下，代表著我們所有的人）就再也沒有得到肯認（recognition）的機會；他們不可能從機械那邊得到肯認，因為這些機械缺乏必要的自我意識。因此，如果黑格爾關於主人依賴於奴隸來獲得肯認的觀點是對的話，那麼問題就在於，主人在此根本得不到肯認。換句話說，在一個由人類主人與機器人奴隸所組成的社會裡，作為主人的消費者根本就沒有自由，並且更糟糕的是，他們甚至連獲得自由的機會都沒有。作為奴隸一般的消費者，他們在資本主義之下受到支配與剝削；作為機械的主人，他們得不到肯認。也如同我早先在這個主題上的耕耘中曾經強調的，他們也變得高度依賴於科技，從而變得脆弱（Coeckelbergh, 2015a）。

但是為什麼要從主人與奴隸的角度來思考問題呢？一方面，從一種馬克思式的，並且甚至從一種更普遍的啟蒙主義的觀點來看，用機器人取代人類奴隸或是工人會被視為是解放：人類不再被捲入這些剝削性的社會關係之中。但另一方面，從奴僕或是奴隸的角度來思考問題，即使是在關於機器人的案例，似乎也是完全有問題的。擁有機器人奴隸是可以的嗎？從主人與奴隸的角度來**思考**社會是可以的嗎？而這不僅僅是關於思考而已，如果我們用機器人取代人類奴隸的話，那麼我們社會的結構就仍是建立在奴役的基礎之上，只不過在這之中的奴隸是人造的：一個網路版本的古羅馬或是古希臘的城邦國家。儘管這並不違反《世界人權宣言》的第四條，因為該條約僅適用於人類（它是關於**人**權），且機器人不是人類意義上的奴隸，它們缺乏自我意識、知覺與意向性（intentionality）。但是，由機器人取代人類僕役或是奴隸的設置，仍舊反映了主奴思考以及一個階層式的、剝削的主奴社會。錯誤的是，這些科技所協助維持的社會關係與社會類型。（下一章提供進一步的論證。）

現在人們可以試圖繞過這些問題，辯稱說這無關乎自由，而是與其他東西有關：壓迫、剝削與奴役的問題不在於**自由**（至少如果人們以個人主義式的以及在前幾節中所闡述的更加形式的方式來理解自由的話），而在於**正義**或是**平等**。根據這種觀點，問題並不在於人工智慧與機器人技術威脅到了自由，而在於我們生活在一個根本上是不平等或是不正義的社會，而我們冒著維持或是加劇這些不平等與不正義的風險來使用人工智慧與機器人技術。例如，如果我們用機械來取代工人們進而「解放」他們，但卻不改變我們當前社會的結構（透過全民基本收入或是其他措施），那麼我們將很有可能創造出更多的不平等與不正義。我們需要更多關於我們擁有及想要什麼樣的社會的公共討論，像是平等與正義的政治哲學概念與理論可以對此有所幫助。例如，就像當前的社會安全體系一樣，全民基本收入反映了一種特定的分配正義以及正義及公平的概念。但究竟是哪一種呢？在下一章中，我將概述一些關於正義的概念。

不過，從自由的角度來討論這類議題也是很有意思的。舉例來說，在《給所有人的真正自由》（*Real Freedom for All*, 1995）中，范・帕里斯（Philippe van Parijs）基於正義、平等與**自由**的概念來捍衛一種給所有人的無條件基本收入（unconditional basic income for all）。他不是把自由理解為一種做你想做的事情的形式權利（這通常是自由至上主義者的自由概念，例如在海耶克的作品中），而是這麼做的實際能力。自由因此是由機會來界定的。擁有更多優勢（例如能近用更多的資產）的人們，就機會的觀點來看是比其他人更加自由的。而無條件收入將使得最劣勢者在這種機會的意義上更加自由，在此同時也足以尊重其他人的形式自由，從而創造給所有人的自由。此外，每個人可以根據他們自身的善觀念（conception of the good）來使用這些機會，自由主義者應該在人們善觀念的面向上保持中立（在法律的界線內）。舉一個范・帕里斯自己的案例來說：如果人們想要花費大量時間在衝浪上，這並沒有問題，他們有機會去這樣做。他把這稱之為「真正的自由至上主義」。基於這種觀點，人們可以主張說，當機械取代人類的工作時，無條件基本收入不僅是一種創造更多正義與平等的方式，也是一種尊重並且促進所有人自由的方式。人們可以工作、或是衝浪，或是兩者兼顧；他們會在機會之自由的意義上擁有真正的自由。

然而，正如有關全民基本收入的討論所顯示的那樣，關於人工智慧與機器人技術的政治與社會層面還有許多超出自由的話題可以討論。我們也須要談論平等與正義，以及人工智慧和機器人技術如何使現存的偏見與歧視持續或是加劇。

誰來決定人工智慧？作為參與的自由、選舉中的人工智慧，與言論自由

自由的另一個意涵是**政治參與**。同樣，這一思想有其古老的根源，更具體地說是亞里斯多德的根源。如同鄂蘭在《人的條件》（*The Human Condition*, 1958）一書中所解釋的那樣，自由對於古代人來說並不是自由主義式的選擇自由，而是政治行動。她把政治行動與在「活動著的生命」（*vita activa*）中的其他行動（勞動與工作）區分開來。根據哲學共和主義，一個人只有透過政治參與才能行使他的自由，雖然對於古希臘人來說，這種自由是保留給菁英的，並且實際上是寄寓在對勞動者的奴役之上，從而他們被剝奪了那種政治自由；但是作為政治參與的自由觀念，在現代政治哲學史中是很重要的，並啟發了民主的一些關鍵詮釋與理念（參見第四章）。正如我在這章前段早已指出的，自由作為參與政治決策的觀念的一個著名的當代表述來自於盧梭，他早在康德（Immanuel Kant）之前就認為，自由意味著給自己制定規則。這種自我治理（self-rule）可以被詮釋為個人自

主（參見本節上面關於助推的討論），但是盧梭還賦予了自我治理一種政治意涵：如果公民們制定他們自身的規則，他們便是真正地自由，而不是受制於他人的暴政。無論盧梭對於普遍意志的進一步思考可以多麼具有爭議性，政治參與是並且應該是自由民主的一部分的這個想法早已根深蒂固，並持續影響今日我們許多人對於民主的想法。

作為自我參與的自由概念，對關於人工智慧與機器人技術的自由問題意味著什麼？我們在此可以根據這個概念，對人工智慧與機器人技術的政治提出一些規範性論點。

首先，關於科技及其使用的決定，往往不是由公民們所做出，而是由政府與企業來做出的：由政客、管理者、投資者們與該項科技的研發者們所做出的。人工智慧與機器人技術也是如此，它們通常是在軍事脈絡（政府資助）以及科技公司中進行開發的。而基於作為政治參與的自由概念，人們應可以對此提出批判，並要求公民們參與有關人工智慧與機器人技術的公共討論與政治決策。雖然我們也可以仰賴於民主原則來提出這個論點，但是從哲學共和主義的角度來看，它可以在自由的基礎上得到證成：如果自由意味著政治參與以及政治自治的話，那麼，目前公民們對於科技之使用與未來有著些許或毫無影響的情況，實際上就是讓他們處在一種不自由與專制的狀態之中。公民們在這些決策的面向上缺乏自治，而以自由作為參與之名，我們應該在與我們息息相關的科技的未來上，要求更多的民主決策。

此外，除了要求去改變常態的政治體制之外，我們還可以要求創新過程本身將作為利害關係人的公民們以及他們的價值納入考量。在過去十年間，主張負責任的創新以及敏於價值的設計的論點持續存在著（Stilgoe, Owen, and Macnaghten, 2013; van den Hoven, 2013; von Schomberg, 2011）：其想法是，把社會行動者納入到創新過程之中，並且在設計階段就把倫理價值納入考量。但是這不僅僅是一個倫理責任的問題而已；奠基於自由作為參與的理想之上，我們也可以把它看作是一種**政治**律令。自由，不應該只是關於我作為科技的一位使用者或是消費者的選擇自由而已——只把我所使用的科技當作是給定的——也應該包括我參與關於我所使用的科技的決策與創新過程的自由。行使這種自由是格外重要的，正如同技術哲學家們不斷強調的，科技有著非預期的效果，並塑造我們的生活、社會以及我們的樣貌；如果作為自治的自由是一項重要的政治原則的話，那麼在像是人工智慧的科技上，重要的不只是我作為一位使用者與消費者在我使用科技（和責任）上獲得個人的自主性，更是我身為一位公民在該項科技的決策方面擁有發言權與政治責任。如果缺乏這種作為參與的自由的話，那麼人工智慧與機器人技術的未來——它也是**我的**未來——就仍然掌握在技術官僚式的政客們、專制的執行長們、所有者們與投資者們的手中。

其次，然而，即使在政治中作為參與者，我們也可能受到人工智慧的操控。人工智慧在選舉造勢與普遍的政治生活中扮演著一個愈加重要的角色。例如，有證據顯示，人工智慧在唐納·川普（Donald Trump）二〇一六年的總統競選中被用來操控選民（Detrow, 2018）：數據科學公司劍橋分析（Cambridge Analytica）根據個別選民們的心理剖析，利用他們在社群媒體上的行為、消費模式與關係等數據來針對他們投放廣告。而諸如Facebook和Twitter等社群媒體上的網路機器人（Bot）偽裝成人類帳戶，可以用來向特定的人類群體散播假訊息與假新聞（Polonski, 2017）。這是一個關於民主的問題（參見第四章），也是關於自由的問題，它涉及了對於作為自主的自由的威脅以及監控的議題，同時也影響了作為政治參與的自由。

但是與操控有關的問題，不只是在一種狹義意義上與政治操控有關而已：也就是說，在通常被定義為政治的脈絡下，出於政治目的的操控。當我們在工作還有家中隨處使用我們的智能設備時，我們正逐漸在智能環境中運作，在這種環境中自動化的中介形塑了我們的選擇環境。赫德布蘭特（Mireille Hildebrandt, 2015）認為，這與管理我們心率的自律神經系統是類似的：與調整我們內在環境（我們的身體）的自律神經系統相仿，一個自動化的電腦系統可以調整我們的外在環境，「以便做出它推斷對於我們自身的福祉來說必要的或是可欲的事情」。並且這一切都是在我們毫無意識的情況下發生的，就像我們無法確切知道我們的重要機能是被如何管理的一樣（55）。這對於作為自主的自由以及社會整體來說都會是一個問題，只要「社會環境不再是透過人與人之間的相互期待來形成，而是完全變成由數據所驅動的操控之目標來驅使」（Couldry and Mejias, 2019: 182）。但是它也讓我們思考，我們想要並且需要什麼類型的政治參與。從科技上來說，我們要如何才能（重新）取得更多發生在我們身上與我們所處的環境的控制權？我們要如何取得由哲學共和主義與啟蒙思想所提出的自我治理？

在第四章中，我將談論更多關於作為參與的民主。但是關於自由，人們可以說，對於作為政治參與的自由來說的一個條件，是教育。盧梭是不會為我們這種政治參與與教育脫鉤的政治體系進行辯護的，並且像柏拉圖一樣，他提出對公民們做道德教育。對盧梭來說，這是我們實現作為政治參與的自由之理想的唯一方式。他會遲疑於這樣的想法：即公民們唯一需要做的事情，就是每隔四五年投票一次，並且在剩下的時間裡，他們只做他們想做的事情，在社群媒體的手中找尋自我。他與其他的啟蒙思想家也會對這一種想法感到震驚：即公民們是在「自助式政治」（self-service politics）與電子政務（e-government）中的一種消費者，在其中，公共行政是「以客為尊的」（Eriksson, 2012: 691）或甚至是「公共服務」的共同生產者（687）——儘管後者肯定是更具參與性的，並賦予公民們一個更加主動的角色（691）。相反地，盧梭與柏拉圖一樣，認為教育應該要能讓人們少一點自利，多一點同情心，並且少一點對他人的依賴，從而帶來道德尊嚴與尊重，並且如登特（Nicholas Dent, 2005: 150）所言，「在彼此的關係中充分實現他們的人性」。屆時這種道德與政治教育會引導公民們服從普遍意志，在他們會「做出一個道德存有者會想去做的事情」的意義上（151）。而這一個理念，即認為政治自由是建立在以教育為基礎的道德自由的理念，正受到一個由操控與假訊息所主導的公共領域的威脅，而人工智慧就正在創造並維護這一種領域上發揮著作用。

這引領我們走向在這個領域中的另一個與自由相關的重要問題：為了創造一個更高品質的公共討論與政治參與，是否應該以一些消極自由為代價，對社群媒體進行更嚴格的管控或要求更嚴格的自制？或是說，消極自由，一個被理解為想說什麼就說什麼的意見自由與**言論自由**，是否比起作為政治參與和政治行動的自由更加重要呢？散播假訊息和仇恨算不算是一種政治參與和行動的形式呢？只要能尊重消極自由（言論自由），就是可以接受的嗎，或是說，只要有可能導致極權主義（並因此缺乏消極自由）以及政治的腐敗、作為參與的自由的腐敗，就是與自由背道而馳的？借鑒亞里斯多德與盧梭的觀點，我們可以支持後者的觀點、批評自由主義的觀點（或至少是它們的自由至上主義的觀點），並主張說言論自由並不包括發表旨在摧毀民主的言論的自由，並且公民們應該要接受教育，成為更有道德的存在，以參與政治的方式來實現他們的人性。在我們當前的民主體制中，以第一個論點作為一個限制言論自由的證成，已經非常成熟了；而第二個論點——公民們的道德教育與政治參與——則更具爭議。這會須要對於由人工智慧與其他數位科技所媒介的公共領域進行監管，同時對於教育與政治制度進行實質性改革。

對於言論自由的限制可以由人類也可以由人工智慧來施加。像是Twitter等數位社群媒體平台，甚至是傳統媒體（例如，報紙的線上論壇）早已在使用人工智慧來進行所謂的「內容審查」（content moderation），其可能涉及到自動偵測潛在的問題內容，並自動移除或是調降那些內容。這會被用來遮蔽被視為有問題的意見，或是移除被用於政治操控觀眾們的假訊息與假新聞（例如以文字或是影片的形式）。針對這種人工智慧的使用，人們可能會問，這種評估有多準確（與人類的評估相比），以及人類的評估是否是正確的。還有人擔心，如果缺乏人類的判斷，會使人工智慧肆意散播假訊息的使用，並且自動化的編輯決策也會引起有關課責性（accountability）的問題（Helberg et al., 2019）。

但究竟缺乏的是什麼？這個問題涉及到，關於人類的判斷相對於由人工智慧所進行的「判斷」的更大討論，我們現在可以透過關於**政治**判斷的討論來探討這個問題。例如，根據鄂蘭（1968，對康德美學理論的詮釋），政治判斷與一種「**社群共感**」（sensus communis）或是常識（common sense）有關，與擁有一個共同的世界（共享一個世界）有關，並與運用想像力來訪視他人的立場有關。她也提到了亞里斯多德的*phronesis*的概念，這通常被理解為**實踐的智慧**，這個概念在德行倫理學中廣為人知，其聚焦在人的品德與習性上，並且可以被用於思考機器人技術（例如，Coeckelbergh, 2021; Sparrow, 2021）。但是在鄂蘭的作品中，它也發揮著一個政治作用。她認為，政治判斷需要審議與想像力（deliberation and imagination）。或許政治判斷也包括了一個情感的成分，正如受到鄂蘭影響的阿維茨蘭（Vilde Lid Aavitsland, 2019）所論證的——這個主張觸及了一個關於理性與情感在政治中的角色的長期討論。考慮到人工智慧缺乏意識，並且不屬於任何意義上的「世界」的一部分，它並不具備任何主體性，更不用說互為主體性（intersubjectivity）、想像力、情感等等，那麼它又怎麼能獲得這一種政治判斷的能力呢？另一方面，人類在政治判斷力上究竟又有多強呢？顯然，他們往往沒有設法行使這種常識、政治想像力與判斷力，除了捍衛私人利益之外，便裹足不前了。此外，與鄂蘭相反，那些抱持著一個理性主義與自然主義的判斷力概念的人們可能會傾向認為說，人工智慧可以做得比人類**更好**，並提供一個更加「客觀的」判斷，不受情感與偏見的影響。一些超人類主義者討論過這一類人工智慧從人類手中接管權力的場景，表明說這會是智慧發展史上的下個一大步。但是，客觀或是毫無偏見的判斷究竟是可能的嗎？畢竟，人工智慧有時候也會有偏見——即使並非總是如此。我將在下一章中回到這個問題上。並且當然，像人類一樣，人工智慧也會犯錯：我們是否願意不僅是在政治中，例如也在醫療脈絡下（例如，診斷、疫苗接種決策）或是在道路上（自動駕駛汽車）上接受這點呢？無論如何，人工智慧在一些脈絡下可以透過顯示數據中的模式，以及根據機率計算來提供建議與預設，以此來聲稱這可以幫助**人類**做出判斷，這是一回事；而聲稱人工智慧的所作所為構成了判斷的行使，則是另一回事。

然而，鑒於本章的主題，這裡要討論的主要問題是關於自由：由人工智慧所做的內容審查，是否構成對表達自由（freedom of expression）的損害，並且它究竟是否得以證成？對此有許多的警示——藍索（Emma J Llansó, 2020）曾說，「無論機器學習有多進步，過濾指令都是對於表達自由的一個威脅」，並因此是對人權的威脅。舉例來說，一些人權倡議者持續呼籲聚焦在人工智慧的影響上；在聯合國，一位研究表達自由的特別調查員應用了人權法去評估人工智慧對於表達自由的影響，該人工智慧被用於調節和策畫數位平台上的內容（UN, 2018），而該報告能與《世界人權宣言》的第十九條連結起來。除了在狹義的表達自由的意義上借鑒於言論自由原則之外，我們還可以主張，人們有知情與討論的權利。例如，聯合國教科文組織（UNESCO）聲稱要促進「透過文字與圖像來自由交流思想」（MacKinnon et al., 2014: 7）。

自由討論與思想交流是自由民主社會中尤其重要的。運用政治哲學，人們可以與彌爾一同聲明，剝奪言論自由有可能會扼殺智識辯論。在《論自由》（*On Liberty*）一書，彌爾辯護自由的表達意見的基礎是，如果不這樣做的話，我們最終就會陷入「智識上的綏靖」（intellectual pacification）（31），而不是敢於將論點推向其邏輯極致的心靈。然而，對彌爾來說，在應該防止人們對其他人造成傷害的意義上（這便是著名的傷害原則〔the harm principle〕），意見自由（freedom of opinion）並不是絕對的。在英語世界的自由主義傳統中，這通常被詮釋為對於個人權利的傷害；對彌爾來說，這關乎不去傷害其他的個體，並最終關乎他們幸福的極大化。然而，在哲學共和主義的傳統中，問題並不在於個人可能受到傷害，問題在於，仇恨言論（hate speech）、操控與假訊息危及了政治參與和政治上自我實現的自由、人的道德尊嚴與共善。因此，正在造成的傷害即是對於政治本身的可能性的傷害。而這種哲學共和主義，似乎至少在一個面向上與彌爾的論證是相符的：擁有表達自由的重點並不在於表達本身，而在於政治**論證**與**智識**辯論。**這**才是應該受到尊重的自由。如果我們允許言論自由的話，我們就應該為了尊重人的尊嚴而允許它，以及（我們可以從一個共和主義的角度來補充說）為了促進討論而允許它，而這些討論應該引領共善與進一步的人類實現。

根據彌爾的說法，討論應該引領真理。他認為，言論自由對於透過辯論來尋找真理來說是必要的。真理是寶貴的，而人們可能是錯的，每個人都可能犯錯。一個思想的自由市場，增加了真理得以湧現，以及教條般的信仰受到挑戰的機會（Warburton, 2009）。然而，操控、假訊息與反民主的政治宣傳並不導向這些目標，它們既不會帶來一個良好的政治辯論（彌爾所認為的我們想要的那種政治參與），也不會支持自由主義啟蒙運動以及共和主義的道德與政治進步之目標。如果人工智慧的使用，導向一個難以實現這些目標的公共領域，那麼人工智慧要嘛根本就不應該在這個領域中使用，要嘛就應該以支持而不是敗壞這些政治理想的方式，來加以管制。

然而，如果想要進行這類管制，仍然很難明確規定說應該由誰來管理誰，以及須要採取哪些自由保障措施。關於社群媒體之定位有很多的討論。一方面來說，由像是Facebook和Twitter等公司為代表的科技巨擘來決定誰應該被審查以及何時應該被審查，這被視作是不民主的；更一般地說，人們不斷質疑說為什麼它們擁有如此大的權力。例如，人們可以問，為什麼這類平台、基礎設施與出版商須要由私人來掌握，有鑑於它們在今日的民主社會中所扮演的重要角色？由於它們支配著媒體領域，並且獨攬公共廣播服務（其設立初衷是透過教育來支持民主的）和一般的傳統媒體，它們早已扮演著一個十分重要的政治角色。從這個角度來看，管制是最起碼可以做的事情。另一方面，如果政府承擔起審查的角色，這是得以證成的嗎？又應該採用什麼樣的確切標準呢？民主政府對言論自由施加限制，將此視為一般日常，但是作為哲學家，我們必須質問這個角色的正當性與所採用的標準。那如果該政府被一個反民主政權所接管了呢？如果我們現在就讓言論自由受到侵蝕的話，只會讓威權政體更容易摧毀民主。

還要注意的是，像是報紙和電視的傳統媒體，至少或多或少是具有獨立性的高品質媒體，都已經不得不在言論自由與審查之間尋求平衡點，以便能夠進行良好的討論。然而，無論是像 Twitter 這樣的私人社群媒體公司或是老牌的傳統報紙，這種審查的**目的**、**原因**、**方式**與**對象**都不是完全透明的：我們經常不知道哪些聲音沒有被聽到，哪個決策是如何得到證成的（如果有的話），遵循了什麼樣的程序（如果有的話），以及誰是仲裁者和審查員。此外，我們還看到，如今的國家新聞媒體逐漸開始使用自動內容審查——就像 Facebook 和 Twitter 一樣。這就引發了類似於言論自由的問題，以及公平的問題。儘管今日大多數人似乎都認為不存在絕對的言論自由，並且**在事實上**（de facto）接受一些合理的節制，但是在自由以及其他價值與原則方面，仍舊存在著嚴重的問題。

例如，當代批判理論（critical theory）就批判古典自由主義哲學把言論自由與作為不受干涉的消極自由連結起來的做法，並認為這種做法忽視了結構性不平等（structural inequality）、權力、種族主義與資本主義（另見下一章）。蒂特利（Gavan Titley, 2020）分析了極右翼政治如何操弄言論自由來傳播種族主義的思想，以及膚淺的言論自由概念如何忽視了不同發言者之間的結構性不平等。除了假新聞的現象之外，這有助於解釋為什麼在美國當前的政治脈絡中，許多自由主義者要求像是Facebook和Twitter等公司對言論施加更多管制與限制，諸如仇恨言論、種族主義思想和假訊息，並把訴諸於言論自由視為是**在先驗上**（*a priori*）有問題的說法。對此，人們可以說，言論自由的原則本身是沒有問題的，但前面所說的這些問題顯示，我們需要一個不同的、更加豐富的言論自由概念，特別是在這個數位通訊的時代裡：一個更加包容的、促進真理的、多元主義的、批判的、並且把當代政治思想的教訓納入考量的概念，但同時保有彌爾版本的某些面向，諸如對於自由智識辯論的信念。然後我們需要再更進一步討論，在這個自動化的新聞產業、人工智慧的言論審查與假新聞——包括了假影片與其他人工智慧產品——的時代裡面，言論自由意味著什麼。

其他與政治相關的自由概念與其他價值

還有更多受到人工智慧影響的自由概念。例如，像是博斯特羅姆（Nick Bostrom），索格納（Stefan Lorenz Sorgner）和桑德柏格（Anders Sandberg）等超人類主義者（參見第六章）提議在傳統的個人自由權利之外增加「形態自由」（morphological freedom）。這裡的想法是，透過先進的科技——人工智慧，還有奈米科技（nanotechnology）和生物科技（biotechnology）等等——我們將能夠超越目前的生物限制，重新形塑人類的形態，並控制我們自身的形態（Roden, 2015）。這可以被理解為在人類作為整體的層次上的自由，也可以被理解為一種個人自由。例如，桑德柏格（2013）曾主張說，改造自己身體的權利，對於任何未來的民主社會來說都是至關重要的，而因此它應該被視作是一項基本權利。我們也可以用一個類似的論證來支持改造自身心靈的權利，比如借助人工智慧的協助。在這裡，需要根據新的科技發展來重新審視和討論的，與其說是傳統的自由概念，毋寧說新的科技賦予我們一種新的自由，而這種自由是我們之前所沒有的。然而請注意，這一種自由仍然非常接近經典的自由主義自由觀，及自由作為自主（積極自由），特別是不受干涉（消極自由）：其想法是，是由我，而不是由其他人，來決定我的生活、身體與心靈。

總結來說，馬克思與當代批判理論，以及受到亞里斯多德哲學啟發的哲學共和主義，挑戰了經典的自由主義與當代自由至上主義的思想，即自由主要是關於不受干涉，並與他人分離，以及關於（僅）以一種心理學的方式來定義的個人自主性。反之，他們所捍衛的是更加關係性與政治性的自由概念，根據這種概念，只有在我們理解到我們自身是政治的存在，成為實現了自我治理的平等者的政治共同體的一部分，並且為這種平等、包容性與參與創造條件時，我們才能夠獲得真正的自由並得到解放。這種取徑使得我們得以提出這個問題：人工智慧（以及它的人類使用者）在阻礙或是促進這一種自由與政治的概念及其條件的實現上，扮演著什麼角色，或是說能夠扮演什麼樣的角色？此外，這些思考方向中的每一個，都以它自己的方式質疑著整體社會的掌舵與組織，而不是聚焦在對於個體本身的傷害之上。儘管它們被濫用著，但免於干涉的自由以及行使內在的個人自主仍舊是現今自由民主社會中重要的原則與價值，而上述所提到的哲學家們則提供了一個有趣的替代性框架，用以討論人工智慧與機器人技術會帶來或是威脅哪一種政治自由，以及我們想要的是什麼樣的政治自由與社會。

然而，自由並不是在人工智慧之政治中唯一重要的事情。正如我早就建議的，自由還與其他重要的政治價值、原則與概念相連，諸如民主、權力、正義與平等。例如，根據托克維爾（Alexis de Tocqueville, 2000）寫於一八三〇年代的說法，自由與平等之間存在著權衡（trade-off）與根本的緊張關係；他警示說，過多的平等會導致多數人的暴政。相較之下，盧梭認為兩個是相容的：他的政治自由理念是建立在公民們的道德與政治平等的基礎之上，並要求一定程度的社會經濟平等。在當代政治哲學與經濟思想中，諾齊克（Robert Nozick）、海耶克、柏林與傅利曼（Milton Freeman）等自由至上主義者們遵循著權衡的觀點，並且認為自由須要受到保護，而諸如哈伯瑪斯、皮凱提（Thomas Piketty）與沈恩（Amartya Sen）則相信，過多的不平等會危及民主，民主**既**需要自由**也**需要平等（Giebler & Merkel, 2016）。下一章聚焦在平等與正義的原則上，並討論它們與人工智慧之政治的相關性。

#平等與正義

由人工智慧所造成的偏見與歧視

導言：偏見與歧視作為提出關於平等與正義問題的焦點

數位科技與媒體不只影響自由，也影響平等與正義。范迪克（Jan van Dijk, 2020）認為，雖然網路科技使得生產與分配更加有效且高效，但它也導致了不平等的加劇：「於全球範圍內，它支持了一種各國綜合與不均等發展的趨勢……於在地範圍內，它有助於創造與全球訊息基礎設施直接相關的部分以及與其不相關的部分的雙重經濟」（336）。在經濟發展中的這個分歧，創造了不同的社會發展「速度」——一些人與國家從這些科技與媒體中比起其他人與國家將獲益更多。這個批判也可以適用於人工智慧。而如同在前一章中所指出的，在機器人技術中所實行的人工智慧可能會造成失業，從而產生更多不平等，至少從十八世紀末開始，朝向更加自動化的發展便持續進步著，人工智慧則推動了這場自動化革命的下一步，它為少數人（人工智慧科技與機器人科技的擁有者）創造了利益，卻為多數人帶來失業的風險。這就不只是自由與解放的問題而已，也是不平等的問題。正如我們所看到的，像是史迪格里茲等經濟學家們對收入不平等與社會分化的加劇提出警告：人工智慧影響了社會整體。除非採取措施來減少這些影響，例如皮凱提及其同事們持續建議對超過一定（高）門檻之上的人們徵收高額稅收

（Piketty, Saez, & Stantcheva, 2011），其他人則提議全民基本收入，否則結果將是高度的不平等以及貧窮等等的相應問題。

一個經常與人工智慧具體相關，並引發有關平等與正義等議題的問題是歧視。就像所有科技一樣，人工智慧也會產生其開發者並未預料到的後果。其中之一是，以機器人學習形式出現的人工智慧可能會引入、維持並且加劇偏見，從而使特定個人或是群體處於不利地位並受到歧視，例如針對那些以種族或是性別被界定的人們。偏見可能以多種的方式出現：在訓練數據中、在演算法中、在演算法所應用的數據中、以及對科技進行編程的團隊中，都可能存在著偏見。

一個著名的案例是COMPAS的演算法，這是在美國由威斯康辛州在決定緩刑時所使用的一種風險評估演算法：電腦程序預估了累犯之風險（再犯的傾向）。一項研究（Larson et al., 2016）發現，COMPAS把高於實際情況的高度累犯風險歸諸在黑人被告身上，而對於白人被告的累犯風險預測則低於實際情況。這想必是根據過去的決策數據來進行訓練的，該演算法因此再製了歷史上的人類偏見，甚至增加了這種偏見。此外，尤班克絲（Virginia Eubanks, 2018）認為，像是人工智慧以及「新的數據體系」的資訊科技對於經濟平等與正義產生了不良影響（8-9），它們往往不能嘉惠窮人與身處工人階級的人們，抑或無法對其賦予權力（empower），反而讓他們的處境變得更加艱困。新科技被用於操控、監控以及懲罰窮人與劣勢群體，例如以自動化決策的形式來決定福利資格及其後果，從而導致了一個「數位濟貧院」（digital poorhouse）（12）；透過自動化決策和數據預測分析，窮人們被管理、被道德化、甚至是受到懲罰：「數位濟貧院阻卻窮人們近用公共資源；監督他們的勞動、花費、性（sexuality）以及育兒；試圖預測他們的未來行為；並對於那些不服從其指令的人們進行懲罰與定罪」（16）。尤班克絲認為，這除了侵蝕自由之外，也創造並維持了不平等，其中一些人——窮人——被視為具備較少的經濟和政治價值。而除了一般網路訊息的近用與使用上的不平等（所謂的數位鴻溝）之外，還存在著這樣的問題，例如，較少的近用導致了「較少的政治、經濟與社會機會」（Segev, 2010: 8），這也可以被歸結為一個關於偏見的議題。尤班克絲（2018）的分析還表明說，數位科技的使用與特定的文化有關，在這種情況下，美國的文化具有「懲罰性、道德化的貧窮觀」（16）。而由政府在人工智慧的使用中所實行，則導致了偏見的持續。

在人工智慧與數據科學方面的不平等與不公平的問題，也發生在諸如司法系統、警政與社會福利管理等等的國家體制的範圍外。例如，想像一下一間銀行必須決定是否要核發貸款：它可以透過外包給一個演算法來自動作出這個決定——

該演算法根據申請者的財務和就業歷史、以及像是他或她的郵遞區號和過往申請者的統計訊息來計算財務風險。如果擁有一個特定的郵遞區號與不償還貸款之間存在著統計上的關聯的話，那麼居住在該地區的某個人可能不是根據對於他或她的個人風險之評估而被拒絕放貸，而是根據由演算法所發現的模式而被拒絕。那如果個人風險很低的話，這似乎就不公平了。此外，演算法可能會再製先前做出決策的銀行經理的無意識偏見，例如一個對於有色人種的偏見。針對自動化信用評分的情況，班雅明（2019b: 182）警示說，「『評分社會』中，以某種方式被評分是不平等之設計的一部分」；那些得到較低分數的人們受到懲罰。或是，從性別領域中舉一個（非典型）例子：難道只是基於性別與事故之間的相關性，即一個年輕男性駕駛在統計上有著高度事故風險，演算法就決定了每個年輕的男性駕駛必須為他的汽車保險支付更多的費用，只因為他是男性，即使對於一個特定的個人來說該風險可能是低的？有時，數據組合也是不完全的，例如假使一個人工智慧演算法是在缺乏足夠的女性數據的數據組合之上進行訓練的，特別是缺乏有色人種的女性、身障女性以及工人階級的女性的話，那麼這就可以被視為是一個令人震驚的偏見與性別不平等的案例，如同克里亞朵．佩雷茲（2019）所認為的那樣。

即使有些對於我們大多數人來說相當日常的事情，像是使用基於人工智慧的搜尋引擎，也可能會出現問題。諾布爾（2018）認為，像是Google等搜尋引擎強化了種族主義與性別歧視，並且這應該被視作是「演算法壓迫」（algorithmic oppression）（1），它源自於人類所做出的決定並由企業所控制。她主張說，演算法和分類系統「嵌入」（13）並影響著社會關係，包括了在地與全球的種族權力關係。她指出，企業從種族主義與性別歧視中賺錢，並提醒人們注意非裔美國人在身分認同、不平等與不正義的方面所受到的影響。舉例來說，Google的搜尋演算法曾把非裔美國人自動標記為「猿猴」，並且把蜜雪兒．歐巴馬（Michelle Obama）與「猿猴」一詞連結在一起。這類案例不僅具有羞辱性和冒犯性，根據諾布爾的說法，它們還「展現了種族主義與性別歧視如何成為科技之架構和語言的一部分」（9）。重點不在於程式設計師有意對這種偏見進行編碼，問題在於他們（以及該演算法的使用者們）假定了演算法和數據是中性的，無視於其中可能蘊含著各種形式的偏見。諾布爾警告說，不要把科技過程視為是去脈絡化的（decontextualized）以及非政治性的（apolitical），這種觀點只符合一種個人在自由市場中做出自身選擇的社會觀（166）。

因此，問題不僅在於一個特定的人工智慧演算法在一個特定情況下產生偏見並產生特定結果（例如，透過記者施加的政治影響力，而記者也使用像是Google的搜尋引擎；參見Puschmann, 2018）；主要的問題反而在於，這些科技與社會中現存的階層式結構、助長它們的那些有問題的概念與意識形態，相互作用並提供支持。雖然用戶們並未意識到，這些科技卻支持著特定的社會、政治與商業邏輯，並以一種特定的方式來構築世界（Cotter and Reisdorf, 2020）。就像反映了社會中最強大的論述（discourses）的離線分類系統一樣（Noble, 2018: 140），人工智慧因而可能會導致思想的邊緣化以及對人們的歧視與壓迫。更進一步——以其規模與速度，它可以顯著地放大這些影響。諾布爾表明，就像其他的數位科技，人工智慧「捲入」了爭奪「社會、政治與經濟平等」的鬥爭（167），不僅處在一個社會平等與不正義早已存在且時有加劇的背景之下，也處在一個某些論述比起其他論述更有權力、並且那些擁有更大權力的人們以一種特定方式代表著受壓迫者的背景之下。

由於這類緊張與鬥爭，關於人工智慧與偏見、歧視、種族主義、正義、公平、性別歧視、（不）平等、奴役、殖民主義與壓迫等等問題的關係的公開辯論，往往在特定脈絡之下（例如，在美國關於種族主義的辯論）引發或是很快就變成高度兩極化與意識型態的辯論。此外，儘管電腦科學家與科技公司一直聚焦在偏見與公平的技術性定義上，這雖是必要的，但對於解決所有社會與科技問題來說是不夠的（Stark, Greene, and Hoffmann, 2021: 260-1）。如前所述，諸如諾布爾、尤班克絲與班雅明等研究者，都正確地指出這種偏見與歧視問題的廣泛程度。

然而，作為哲學家，我們必須詰問，在這些關於人工智慧偏見的公共討論、科技實踐與大眾讀物中所使用的規範性概念（normative concepts）指的是什麼意思。例如，我們必須問，正義或平等，既然這形塑了涉及了人工智慧相關案例的問題與答案，那它究竟意味著什麼？在這特殊的案例中，是否有什麼不對的地方，而如果有哪裡不對的話，那究竟**為什麼**是不對的，對此可以採取以及應該採取什麼樣的措施，**目標**又是什麼？為了要證明我們的意見是對的，給出好的論證，並更好地討論具有偏見的人工智慧，我們（不只是哲學家，也包括公民、科技開發者、政治人物等等）必須對概念與論證加以解釋。本章表明，尤其是一些取自政治哲學中的概念與討論，對於實現這個目標來說會很有幫助。

首先，我將提供一個在英語世界中，關於平等與正義的標準的政治哲學討論，用來揭示由人工智慧所造成的偏見與歧視可能存在的錯誤是什麼。我要問的是，這裡所涉及的是哪一種平等與正義，以及我們想要的是什麼樣的平等與正義。我將請讀者們思索不同的平等與正義的概念，然後轉向兩種對於這些問題的自由主義哲學思考的批判。馬克思主義者們與認同政治（a politics of identity）的支持者們要求一種由個人主義式的（individualist）、普世主義式的（universalist）、以及形式的、抽象的思考，轉向階級、群體、或是基於認同的思考（例如，關於種族與性別）；他們也更加關注弱勢群體在具體生活中遭受的歧視，以及那個歧視的歷史背景：殖民主義、奴役、父權體制、虐待、霸權及資本主義社會關係的歷史。在這兩種情況下，我的目的不是去提供一個政治哲學討論本身的綜述，而是去顯示它對於思考關於由人工智慧與機器人技術所導致的偏見與歧視，以及在人工智慧與機器人技術中的偏見與歧視來說，意味著什麼。

為什麼偏見是錯的（1）
在英語世界裡標準的自由主義政治哲學中的平等與正義

當人工智慧被認為存在偏見的時候，通常不會明確假設說它為什麼會有偏見以及錯在哪裡。哲學家們可以闡明並討論這些論點，其中一類的論證是基於**平等**：如果一個基於人工智慧的建議或決策是有失公允的，我們可以將這類案例歸結為人們遭受不平等對待。然而，在政治哲學中，對於平等意味著什麼，存在著實質性的分歧。平等的其中一個概念是**機會平等**（equality of opportunity），在普世主義的自由主義式的「盲目的」平等概念中，這可以被表述為：無論人們的社會經濟背景、性別、種族背景等等為何，他們都應該享有機會之平等。

在人工智慧的脈絡下，那意味著什麼呢？想像一下，一個人工智慧演算法被用來挑選求職者。成功的兩個標準將很有可能是教育及相關的工作經驗：在這兩項得到較高分數的申請者將有更大的機會取得演算法的聘用推薦。因此，該演算法歧視了那些教育程度較低以及擁有較少相關工作經驗的人們。但是，這通常不會被稱之為「歧視」或是「偏見」，既然假定了機會平等在這裡是受到尊重的，那麼所有申請者都曾經有過機會獲得正確的教育類型以及相關的工作經驗，並且都有機會去申請工作，不論諸如社會經濟背景與性別等標準為何。該演算法對於這些特徵是「盲目的」。

然而，一些哲學家們質疑這種機會平等的概念：他們說，在實務中，一些人（例如，有著較差的社會經濟背景的人們）獲得相關教育背景與經驗的機會比較少。根據這些批評者的說法，真正的機會平等，會意味著我們創造出一種條件，讓這些身處不利地位的人們有一個平等的機會，去獲得想要的教育與工作機會。

如果這種情況沒有發生的話，該演算法就是在歧視他們，並且由於這種機會不平等，其決策可以因此被稱作是有偏見的。如果這些批評者們堅持一種普世主義的自由主義式的「盲目的」平等概念，他們將會要求所有人獲得平等的機會，無論他們來自何處、看起來如何等等；而如果人工智慧——儘管也許是用心良苦——無助於實現這一目標，那麼它就是有偏見的，而這個偏見須要被修正。由一個非盲目的概念出發（參見下文），我們旋即可以為弱勢群體要求更多的教育機會和工作機會；我們也可以說，一旦情況不是如此，該演算法就會須要以有利於這些（階級）背景、這個性別等等的人們的一種積極性差別待遇的方式來決定。由機會平等的角度來理解，以上都是為什麼人工智慧可能會威脅到平等的不同理由。

這些論證已經指出了兩種不同的平等概念：一是基於階級或身分的平等（參見下一節），另一則是基於結果（這裡指的是工作）而不是機會的平等。那些想要該演算法對這些特定階級或群體進行積極性差別待遇的人們，心中都有一個特定的結果：對於所選擇的候選者的一種特定分配（例如，百分之五十的女性候選者），並且最終建立一個工作更加平等分配、歷史不平等被終結的社會。而人工智慧屆時可以幫助實現這個結果。但這不再是機會平等，而是**結果平等**（equality of outcome）。結果平等意味著什麼，並且其分配應該是什麼樣子呢？它是否意味著每個人都應該擁有相同的東西，即每個人都應該擁有最低限度的東西，還是只應該避免嚴重的不平等呢？此外，如同德沃金（2011: 347）所問的：平等本身是一種價值嗎？

在英語世界的政治哲學之中，平等並不是一個非常流行的概念。許多經典的政治哲學導論甚至都沒有關於這個主題的章節（斯威夫特〔Adam Swift〕二〇〇九年的導論是一個例外）。一個更加常見用來表達偏見以及它的錯誤原因的方式是依賴於正義的概念（the concept of justice），特別是**作為公平的正義**（justice as fairness）（Rawls, 1971: 2001）與**分配正義**（distributive justice）。通常的說法是，由該演算法所創造的偏見是不**公平的**。但是，作為公平的正義意味著什麼呢？而如果有任何東西是須要被重新分配的話，什麼才算得上是一個公平分配呢？在此，也存在著不同的概念。再次以聘僱AI為例，假設那個聘僱AI除了把像是教育及工作經驗等標準納入考量之外，還發現郵遞區號是一個統計上相關的類別——想像一下，在成功找到一份工作與生活在一個（社會經濟條件）「良好的」富裕社區之間所存在的相關性——其結果可能會是，在其他條件相同的情況下（例如，所有申請者都具備相同的教育程度），一位來自「不良的」貧困社區的申請者被該演算法選中的機會較低。這似乎是不公平的。但究竟不公平是什麼，又是為什麼？

首先，人們可以說這是不公平的，因為雖然存在著統計上的相關，但是不存在因果上的關係：雖然許多居住在該社區的人們實際上找到工作的機會比較低（由於其他因素的影響，諸如缺乏好的教育），但那個特定個人沒有也不應該承擔較低的機會，只因為他或她從屬於這個統計類別（擁有郵遞區號X），尤其是考量到他或他可能實際上受過良好的教育，以及在其他指標上有著良好的表現。那個人遭受不公平的對待，因為該決定是基於一個與此特殊案例無關的標準。其次，然而，人們也可能想知道，在那個社區裡，許多人實際上接受更差的教育，擁有較少的工作經驗等等，他們獲得工作的機會也因此比較低，但這是否是公平的。作為一個社會，我們為什麼在這方面允許如此巨大的差異？這個問題可以再次置於機會平等的語彙中，但是這也可以被表述為一個作為公平的正義的問題：教育之分配、取得工作的機會之分配、以及工作的實際分配都是不公平的。那麼接下來的問題是：確切來說，為什麼這些是不公平的，以及公正的分配會是什麼？

根據一種作為公平的正義觀來說，一種**平等主義的**（egalitarian）與**重分配**（redistributive）的正義觀，我們需要的是每個人都取得相同的份額。這裡的意思是：社會政策與人工智慧演算法確保每個人都擁有平等的機會去取得一份工作，或是確保每個人都取得一份工作（而在這種情況下，首先就不會需要挑選的演算法）。雖然這是在廚房餐桌上或是在朋友之間（例如，當一塊蛋糕須要分切的時候）處理分配正義的一種流行的方式，但是在談及政治、工作聘僱等方面的時候，這種方式往往不太受歡迎。許多人似乎認為，在談及社會的時候，一種完全平等的分配是不公平的，並且才德（merit）應該才是最重要的，即有才能的人值得更多東西，並且（在我看來，令人驚訝的是）繼承而來的財富與支持根本沒有對正義造成問題。例如，諾齊克（1974）便認為，人們可以對他們所擁有的事物為所欲為：只要它們是透過自願轉移的方式來獲得的，他們就對其擁有權利。諾齊克捍衛一個最低限度的國家——這個國家保護生命權、自由權、財產權和契約權——並拒絕重分配正義的概念。

但是，既然才能與繼承而來的金錢都不在個人的控制之下，而是一個運氣問題，因此人們可以說，它們不應該在正義中發揮作用，並且奠基於它們之上的不平等是不公平的。一個**英才主義式**（meritocratic）的正義觀會把成功的選擇限制在與人們實際上所做的事務有關的因素之上，例如，努力付出以獲得一份工作；在此之下，一個公平的演算法會是一個把才德納入考量的算法。然而，這也是有問題的，因為諸如學位和其他結果等外部標準，並不一定能告訴我們一個人有多麼努力付出才獲取那個結果。我們要如何知道在我們的案例中的那個人為了獲取學位做了什麼事呢？舉例來說，事情可能是，有鑒於申請者的教育與社會背景，他或她很容易就獲得學位；以及，我們又要如何得知生活在一個「不良的」社區的人的才德呢？當我們考量到他們的背景，並從不好的結果（在此是指缺乏學位）的角度來看待這點時，我們可能會認為他們沒有付出多少心力來改善他們的處境——但實際上可能根本不是這樣，而他們所應得的，照理要比他們在一種所謂的英才主義概念的基礎上還要多。從才德的角度來理解正義可能是公平的，但實現起來並不是那麼容易。

然而，即使人們拒絕將正義視為絕對的分配平等或是基於才德的平等，也還有其他的正義觀。其中一個是，如果每個人都能取得一種特定物品的最低限度時——在此指的是取得一份工作的機會，這便是正義的。根據這種**充分主義式**（sufficitarian）的正義觀（例如，Frankfurt, 2000; Nussbaum, 2000），我們需要設立一個門檻，在這一類社會中，生活在富裕社區的人們，仍會有更高的機會被該演算法選中；而居住在貧困社區的人們，不論其他因素如何，都有一個**最低限度**的機會去取得一份工作。居住在一個特定社區與取得一份工作之間的相關性仍然存在，但是它在決策過程中的相關性會被減弱。之所以會出現這種情況，有可能是因為在該演算法運作的之前或是之後，一項不同的政策帶來這種轉變，或者是因為該演算法被調整成給予每個人都有一種最低限度的機會（一個成功的門檻），在此之下其他因素有可能增加那種機會，但是沒有可能低於該門檻。或是說，每個人都可以獲得最低限度的工作時數（並因此獲得最低限度的收入），或是最低限度的金錢。

然而，根據一種**優先主義式**（prioritarian）的正義觀來說，這仍會是不公平的。來自好社區的人們仍舊有著更大的機會取得工作，而當他們有了工作後，他們的工作將是全職，薪水也會高得多。根據優先主義者的說法，須要的是優先考慮處境最不利的群體。在此，這可能指的是一項政策，該政策聚焦在為劣勢群體提供工作（不論其他標準為何），或是顯著地提供工作機會給那些早已處於劣勢地位的人們：例如，透過一種演算法來增加生活在貧困社區的人們的工作機會，即使他們在諸如教育和工作經驗等相關因素上得分較低。

羅爾斯為這種優先主義的立場提供了一個著名的政治哲學證成，該證成也回應了才能是運氣的問題的觀察，並建立在機會平等之上。在他的《正義論》（*A Theory of Justice*, 1971）中，他在「原初位置」（original position）中使用了所謂的

「無知之幕」（veil of ignorance）的思想實驗（21）。試想，你不知道你是否生來就有天賦，不知道你的父母會是富裕還是貧窮，不知道你是否將有平等的機會，不知道你將生活在「良好」還是「不良」的社區之中等等，並且也不知道你在社會中將處於哪種社會位置——那麼，你會選擇什麼樣的正義原則（進而選擇什麼樣的社會）呢？羅爾斯認為，人們會得出兩個原則：一個是給予所有人平等的自由，而另一個是以這類方式來安排社會不平等，即社會不平等為最弱勢的群體帶來最大的利益，並創造了機會平等。如果不平等極大化了最貧困者的地位的話，那不平等就是沒問題的。這是所謂的差異原則（the difference principle）（60）。

根據這些羅爾斯式的原則，基於郵遞區號進行挑選的具有偏見的演算法的問題，並不在於它的推薦反映了一種在社會之中社會經濟資源的不平等分配，或是一個某些人低於一個最低限度的門檻的社會，而是在於它映照並揭示了一個不存在機會平等的社會，在該社會裡的不平等沒有極大化最貧困群體的地位。如果這些原則們得以在政策中實行的話，那麼我們大概就不會看到郵遞區號與取得一份工作的機會之間存在著如此高的相關性；生活在該地區的人們本會有更多的機會找到工作，並且本不會身處如此糟糕的社會地位之中。如果這些原則得以施行，該演算法只會發現一個弱的相關性，而郵遞區號不會在它的建議中發揮如此重要的作用，一位有著良好背景並受過良好教育的人，但卻生活在一個充斥著與他或她自身社會地位相差甚遠的人們的貧困地區，這種情況是不會存在的，或是至少問題不會那麼明顯，因此也就不會出現由該演算法所造成的歧視的這種問題。此外，即使目前的處境是非常不正義的，我們也可以以一種讓最貧困者的地位極大化的方式來改變該演算法：一種積極性差別待遇會改變實際的處境，根據羅爾斯的差異原則。我們可以把這稱之為「設計所帶來的積極性差別待遇」，作為一種「公平設計」（fairness by design）的具體形式。

請注意，這種形式的積極性差別待遇，會要求程式人員與設計師首先意識到潛在偏見的存在，特別是**無意的**歧視。更一般地說，他們會必須意識到，即使無意造成歧視或是其他政治上相關的後果，設計選擇也可能會產生這類後果，例如在正義與平等的方面上。關於提升對潛在政治後果的意識、辨識偏見、以及更廣泛地在設計中貫徹政治與倫理價值，仍有許多工作有待耕耘；舉例來說，當在訓練數據中沒有明確地提及像是性別、種族等標準時，就可能難以辨識偏見（Djeffal, 2019: 269）。而當問題沒有得到辨識的時候，就不會有解決方案，包括積極性差別待遇。在演算法的公平性上的技術工作可以協助解決這個問題：它嘗試在使用人工智慧演算法的時候，辨識、衡量並改善公平性（例如，Pessach and

Shmueli, 2020）。與正確的法律框架類型結合在一起，這便能夠實現哈克（Philipp Hacker, 2018: 35）所說的「設計所帶來的平等對待」，但正如我們所看到的，平等只是表達該議題的一種方式而已。此外，設計也可以被用來進行積極性差別待遇，在這種情況下，演算法公平性的目的與定義，不是說其結果為了避免負面誤差而自外於諸如性別、種族等變數，反而是對一種或是多種這類變數去創造一種正面的偏差，從而校正歷史的或是現存的不公平。

然而，正如我們即將看到的那樣，通常積極性差別待遇措施不是由那些在自由主義哲學傳統中工作的人們提出的，而是由那些批判這個傳統或至少是批判其普世主義的人們所提出的。

為什麼偏見是錯的（2）
階級與認同理論作為普世的自由主義思想之批判

馬克思主義理論持續批判自由主義哲學關於正義與平等的論述，認為它只注重形式且抽象的原則，而沒有觸及社會的資本主義結構，根據這種結構，形式上的自由人自願地簽訂契約（另見諾齊克），但實際上它卻在兩個階級之間創造並維持一種分化與階層結構：一個階級擁有生產工具（the means of production），而另一個階級在資本主義的條件下受到前者的剝削。與其想像假想的地位與契約，我們應該著眼於創造了不正義與不平等的物質與歷史條件上，並改變它們。我們不應該把關於生產與分配的問題分離開來，反而應該改變我們組織生產的方式。從這個意義來說，一個共產主義社會會超越正義（Nielsen, 1989），至少如果把正義理解為重分配的正義的話。與其像自由主義理論所說的那樣，先有資本主義生產再依據正義原則來重新分配，我們應該廢除資本主義本身；與其從一個無私的立場來評價社會，我們應該捍衛被剝削階級的利益；與其談論應用在個人或是個人之群集的正義原則，我們應該聚焦在階級與階級鬥爭上。

那麼，從這個角度來看，具有偏見的演算法與它所應用的社會之所以是不義的、不公平等等，並不是因為它們未能運用並體現正義或是平等的抽象理念，毋寧是因為它們協助創造並維持了一種社會經濟體系，即資本主義，它在兩個階級之間創造了階層式的社會關係：擁有生產工具的人們與沒有生產工具的人們。由自由主義理論所設定的問題，是以一個資本主義世界為框架的。再次思索一下借貸的案例或是聘僱的案例：這兩個案例都發生在一個資本主義的社會與經濟結構，在這種結構之中，資本家的利益是把一個階級的人們處於負債之中，讓他們處於不安穩（precarious）的社會經濟地位，任人剝削。因此，偏見不只存在於該演算法或是某個特定的社會情境之中而已；資本主義本身也存在著一種偏見與動力，它有利於一些人（作為生產工具擁有者的資本家們），而不利於其他人（成為無產階級的工人階級）。人工智慧被用作一種剝削的手段，而機器人被用來取代工人們並創造一群失業的無產階級群眾，這使得剝削那些仍保有工作的人們更加容易。問題不在於人工智慧，而在於我們可以稱之為「人工智慧資本主義」的東西——以一個比起祖博夫（2019）的「監控資本主義」（surveillance capitalism）更加通用的術語——並強調人工智慧的角色。除非這個根本問題得到解決，否則既不會有正義，也不會有平等。我們可以調整演算法來嘉惠弱勢群體，但最終這些都只是治標不治本。真正的問題在於，人工智慧與機器人技術是在資本主義體系底下使用的，資本主義體系不是為了解放人們才使用這些科技，而是為了使資本家們甚至能夠比現在更加富有的這種單一利益而已。此外，認為自由市場將逐漸消弭演算法的歧視的信念是「毫無根據的」，因為那些使用該演算法的人們毫無減少偏見的動機（Hacker, 2018: 7）。在這個例子中，雇用人們的銀行與公司都是在資本主義的邏輯內進行運作的，並不會相信減少歧視是它們的職責所在。如果不改變這一點的話，治標是起不了多大作用的。資本家們也沒有動機去真正地改變科技及其使用，因為那不是他們的利益所在。

由此觀之，那麼，工人們與其他人抵制資本主義體系，並對由人工智慧來驅動的資本主義進行鬥爭便很重要。然而一個問題是，他們往往不知道人工智慧正在被使用，更不用說知道它進行分類與歧視了。它的運作方式與它對於造成偏見的貢獻是隱蔽的。此外，人工智慧資本主義對工人們的影響也不盡相同，有些工作比其他工作更不安穩。在某種程度上，所有的工作都變得比以往更不安穩。阿茲瑪諾娃（Albena Azmanova, 2020: 105）在談及「不安穩的資本主義」（precarity capitalism）時，聲稱「經濟與社會不安全已經成為我們社會的一個核心特徵」，它導致了焦慮與壓力（Moore, 2018），即使是那些擁有熟練技能與高薪工作的人們也沒有保障。然而，有些工作比起其他工作更不安穩，有些工人與個體比其他人更加地被量化（參見第五章），這也意味著，當代資本主義的心理後果是分布不均的：有些人比起其他人更容易形成「焦慮的自我，他們已經內化了展演的迫切性」（Moore, 2018: 21）；有些人則比其他人更害怕被機械取代（15）。而當低位階的工人們極易受到監控卻無法選擇退出時，高位階的工人們則更加受到保護，雖然他們的數據也被剝削著（Couldry and Mejias, 2019: 191）。每個人在生存、社會經濟和心理上都是脆弱的，但是有些人比其他人更加脆弱。此外，如何看待人工智慧也存在著文化差異：有些文化比起其他文化對人工智慧（及普遍來說的科技）有著更積極的態度（這也影響了與人工智慧管制相關的挑戰，特別是在全球的層次上——我將在結論中回到這點。）綜上所述，這意味著，如果有些人意識到與科技相關的問題的話，他們將比其他人更有動機去反抗人工智慧資本主義；而這也就對馬克思認為在一個階級（意識）的保護傘之下，工人之間會形成一個廣泛同盟的理念，提出了質疑。

然而，社會變革不只是關於人們與他們的行動及勞動，包括人工智慧在內的科技也是該體系的重要組成。在《非人之力》（*Inhuman Power*, 2019）中，威瑟福德（Nick Dyer-Witheford）、喬森（Atle Mikkola Kjøsen）和斯坦霍夫（James Steinhoff）——幾位最著名的馬克思主義的科技分析者——主張人工智慧應該被視為在資本主義之下工人們異化的頂點：人工智慧表現了自主資本（autonomous capital）的權力，導致了商品化與異化。這可以被表述為一個自由的問題（參見前一章），也可以說是一個資本主義造成了嚴重的不平等與不正義的問題。它也可以是給其他政治價值的一個問題，舉例來說，如同富蘭克福（Harry Frankfurt, 2015）所稱，經濟不平等也是一個關於民主的問題：「那些富裕得多的人們比起那些較不富裕的人們來說擁有一種重大的優勢——他們可能傾向於利用這個優勢來對選舉或是監管過程施加不適當的影響」（6）。

富蘭克福等自由主義者們認為，不平等「本身不能成為我們最核心的抱負」（5）。然而，對馬克思主義者來說，問題不只在於對民主的影響，還在於與資本主義剝削相關聯的不平等本身。此外，（左翼）自由主義思想家會進而要求重分配，卻對於生產工具（在此指的是人工智慧）隻字不提；但對馬克思主義者來說這卻是一個關鍵點，例如威瑟福德就建議，社會變革會須要改變整個社會經濟體系以及科技，因為人工智慧與資本主義是如此地緊密糾纏。然而矛盾的是，如果無產階級想要採取行動來對抗資本的話，它就必須使用人工智慧，但同時也要反對它（Dyer-Witheford, 2015: 167）。也許，我們可以依據馬庫色（2002）所寫的關於馬克思的觀點來理解這點，即須要對生產工具進行重組。根據馬克思的說法，生產應該由直接的生產者們來組織，但是當科技「在一個包含了勞動階級的政治世界中成為控制與凝聚的媒介時」，馬庫色認為，我們就需要「一個科技結構本身的改變」（25）。

這指出了科技本身須要被改變。然而，多數的馬克思主義者聚焦在生產工具的**所有權**（ownership）上，而並不質疑科技本身。根據福克斯（2020）的觀點，一個真正正義的社會必須是以公有制為基礎（commons-based）的，這意味著訊息應該是一種共善，而不是商品，並且這意味著通訊之條件應該是共同控制的。資本試圖吞噬公有制（commons）。福克斯提議說，除了工人們應該「獲得作為經濟生產手段的通訊手段的集體控制」（310），且像是Facebook等平台應該成為以公民社會為基礎的合作企業。福克斯從正義與平等的角度來闡述「訊息作為一種共善與作為一種商品之間的對立」：「如果商品的形式意味著不平等的話，那麼一個真正公平、民主且正義的社會必須是一個以公有制為基礎的社會。對於通訊系統而言，公有制意味著作為公共資源的通訊系統符合人類、社會與民主的本質」（28）。同樣地，人們可以說，人工智慧與數據，當被理解為通訊科技與訊息時，是在一種馬克思意義上的生產工具，是應該共同擁有的，而不該由資本來控制。此外，人們可以質疑人工智慧的超人類主義願景（福克斯稱之為「後人類主義」）中的科技樂觀主義（technological optimism）與科技決定論（technological determinism），因為它們似乎假定了「社會與人性的徹底改變是因為新科技的崛起」（21），且假定這種變化必然是好的。福克斯警示說，這忽視了階級與資本主義在社會中的重要性（21），並導致了機器人對人們的取代，以及造成權力的集中而非民主與平等（82）。此外，有人曾主張，把新的訊息與通訊科技想成必然是進步的，等同於去拒絕它們出現的「對抗性條件」以及「它們對全球資本主義的殘酷之嵌入」（Dean, 2009: 41）。

目前在美國非常流行的、對於古典自由主義哲學之於正義與平等的取徑保持著批判態度的另一種替代取徑，它不聚焦在社會經濟範疇之上，而是聚焦在與身分認同有關的範疇之上，像是種族與性別。有時候這種取徑被稱之為「認同政治」（identity politics）。雖然這句話本身具有很強的政治色彩與爭議性，但它指的是「在某些社會群體成員所共同經歷的不正義中發現的一種廣泛的政治活動與理論化」（Heyes, 2020）。如果說認同政治使用像是自由、正義與平等的政治原則，它就是要為特定群體確保這些原則，而這些群體是由他們的身分與歷史來定義的。當來自自由主義哲學傳統的理論家們採取一個普世主義的立場（例如，要求給所有人的正義，或是人人平等），忠於認同政治思想的人們則會認為，這不足以阻止對特定群體的邊緣化（marginalization）或是壓迫，像是女性、有色人種、LGBT+的人們、原住民族與身障人士等等。為了解決這些問題，他們把（群體）認同置於政治焦點的核心。可以說，他們揭開了羅爾斯式的無知之幕，與其涉入一場關於抽象的個人與由這些個人們所組成的社會的那種天高皇帝遠的思想實驗，他們要求我們看著具體的現實，以及針對特定群體（的人們）的不義歷史。像馬克思主義者一樣，他們想要改變產生不正義的社會結構，著眼於具體的歷史而不是訴諸抽象的普遍概念。然而他們之所以提出這樣的要求，並不是因為某個特定的社會經濟階層處於不利地位，也不是因為資本主義是有問題的，毋寧是因為特定的、由身分所界定的群體在目前和在歷史上都處於不利地位。此外，如果與差異政治相互結合，就會要求正義，但是其目的並非**不論**身分與差異地涵蓋全人類，而是尊重這些身分與差異本身。這也意味著，肯認特定群體以及屬於這些群體的人們，而不是談論一種普世的「我們」。正如法蘭西斯·福山（Francis Fukuyama, 2006）對這個想法的解釋：自黑格爾以來，政治就與肯認連結在一起，但是現在「基於一種共享的人性的普遍承認是不夠的，特別是對那些在過去受到歧視的群體來說。因此，現代的認同政治圍繞在肯認群體身分的要求上」（9）。這些身分是置於歷史之中的、由地方所建構的，並且往往是在特定形式的壓迫與不義中湧現的。

今日，這種政治形式在自由主義左派中很受歡迎。威瑟福德稱之為「後馬克思主義」的立場，將馬克思主義理論摒棄為整體的與化約的，聲稱它對於父權主義和種族主義是盲目的，並且它否認了文化多樣性。相反地，後馬克思主義者關注差異、論述與身分，並且談論的不是革命而是民主（Dyer-Witheford, 1999: 13）。這在一定程度上可以看作是一種後現代政治的延續，與其反對資本主義並提供一種團結的願景，許多人開始強調差異與身分。這並沒有真正去挑戰資本主義，反而經常是輕易地與之共存，例如以時尚的形式（Dean, 2009: 34）。同樣地，後現代對於流動與高度個人化的身分認同的強調，與新自由主義意識形態（neoliberal ideology）是高度契合的。但是部分原因還不止於此：人們意識到各種不正義的歷史形式，以及馬克思關於鬥爭、抵抗與系統改革的一些修辭也被重新採納，儘管不再聚焦在階級與社會經濟範疇，並帶有一種對普世主義的拒斥。

關於在人工智慧中的偏見與由人工智慧產生的歧視，相關的規範性問題便是：這些科技以及使用它們的人們所歧視的是哪些特定群體，以及是哪些爭取肯認的鬥爭受到人工智慧的威脅呢？是否存在著對女性的偏見？對跨性別人士的偏見？對黑人的偏見？對身障人士的偏見？班雅明（2019a; 2019b）在人工智慧與機器人技術的領域中提出了一個著名的種族論點，她認為這些科技並不是政治上中立的，反而深化了種族歧視、不平等與不正義。她在美國種族歧視的歷史（而不幸的是，現在也經常是如此）背景中進行寫作，主張黑人這一特殊群體遭受了不義。對她而言，具有偏見的演算法的問題在於它們不是中性的，而是系統性地使黑人處於不利地位，從而再製了現存的不平等並助長了「環環相扣的歧視形式」（Benjamin, 2019b），特別是種族歧視。與此同時，李（Jennifer Rhee, 2018:

105）則主張說，許多陪伴機器人（companion robots）和智慧人偶（smart dolls）的出現「把白人的白給常態化了」（normalizes whiteness）。這類論證因此化解了科技是中性的工具性觀點，並且從根本上反對關於中性科技，反對關於數位技術作為一個「公平的競爭環境」，甚至是一個「不平等得到矯正之處」的敘事（Benjamin, 2019b: 133）——這些敘事往往來自於業界。在此，這是透過種族與認同的視角，而不是從一種超然的普世主義觀點來看待這個問題的。

再次思索在本書開頭的那個無理的逮捕案件。根據班雅明和其他保持著類似的認同觀點的人們的看法，在那個案件中（以及其他相似的案件）的錯誤之處並不在於，一般來說或是抽象來說一個「個人」或是「公民」遭受不義地逮捕，而是在於一個**黑人因為他是黑人**而遭受逮捕：這便是種族主義。或是把它置於在美國這十年來對抗種族所驅使的暴力的脈絡下所使用的一個流行口號之中：這種以認同為基礎的論證，其焦點不在於「所有人的命都是命」（all lives matter）而是「黑人的命也是命」（black lives matter）。與其用他們認知為崇高的「白人」視角的古典自由主義理論，像是班雅明等思想家們更偏好以種族的視角為基礎來審視現實中正在發生的事情。他們指出，普世主義的思想並沒有有效地創建一個正義且平等的社會，並聲稱這種思想只服侍於特定群體（例如，白人、男人）。舉例來說，與其訴諸於普世主義的原則，班雅明（2019b）呼籲透過「一種建立在黑人種族傳統基礎上的解放的想像」，來想像「**科技現狀**（the *techno quo*）——當涉及到技術科學時，一切照舊——的替代方案」（12）。在此，政治想像是以特定（群體及身分認同）的歷史為養分，而不是訴諸抽象的正義或是平等的概念。

身分認同思想的一個重要層面是參照歷史背景。例如，當涉及種族認同時，認同政治的捍衛者們指出奴役與殖民主義的歷史性恐怖。至少有兩種兼容的方式得以做到這點。一種是主張，**現今**美國黑人所遭受的不正義不僅是根植於種族主義（就好像那只是一種抽象的信念系統而已），而且也是這些具體、令人感到震驚的壓迫與種族主義實踐之錯誤的歷史形式的延續，儘管這在形式上沒有被正式地承認為奴役與殖民主義。那麼，修復人工智慧中的偏見，便是一種有助於打擊種族主義並且完全——而不是部分——廢除這些壓迫的形式，以防止它在未來的延續。聚焦在（新）殖民主義（neo-colonialism）的批判也採取這種歷史角度，例如，庫德瑞與梅嘉（Nick Couldry and Ulises Ali Mejias, 2019）談到了「數據殖民主義」（data colonialism），用來表達當前的不平等如何是一種帝國與剝削的歷史形式的延續，至少「在透過使用我們所創建的數據的過程中，我們所遭受剝削的程度上」（107-8）。人們的數據、勞動、以及最終的社會關係（12）都受到資本主義的佔有。此外，在一處（由特權人士）來使用人工智慧，依賴於在他處的勞動與剝削。例如，機器學習的訓練可能就涉及了這一類形式的剝削。

這個歷史的角度也將我們帶往殖民主義的主題。在歷史的殖民主義背景之下，人們可以透過提及新殖民主義的危險（抑或現實？）來批判地看待當前的人工智慧與其他科技實踐。例如，有一個憂慮是，由自由主義理論所提出的普遍人類與個人，在現實中其實指的是生活在富裕西方社會的人們，而全球南方的利益與認同因此被忽視了。雖然這種憂慮也可以用自由主義與馬克思主義來表述，例如透過提及社會經濟的不平等和不正義，或是在資本主義脈絡下受到壓迫的工人與地緣政治；但它也可以從身分認同與殖民主義的角度來表述，舉例來說，一篇評論文章把「數據殖民主義」稱為由強大的矽谷科技公司對貧窮國家的帝國主義剝削（Kwet, 2019）。同樣地，曾有人認為（Birhane, 2020），「人工智慧對非洲的入侵呼應了殖民時代的剝削」，忽視了當地的需求與利益，以一種不利於少數群體的方式延續了歷史偏見（例如，那些沒有證件的人們被排除在國家生物識別系統之外），這等同於對非洲大陸的「演算法的殖民化」（algorithmic colonization）。（其中的一些問題也可以從技術轉移的角度來加以解決，技術轉移往往使得在發展中國家的不民主實踐得以延續。這可以被視作一種殖民主義的形式以及針對特定群體的不正義，但也可以從侵犯人權的角度來看待。）

另一種導入歷史的兼容方式是利用歷史來警示人們，當前的不正義很有可能不比歷史上的不正義更糟，且更可能會導致**未來**更嚴重的壓迫形式，而這必須在達到那臨界點之前加以制止。在這個例子中，種族主義和當前的壓迫形式被視為必然導致了具有特定種族背景的人受到系統性壓迫和剝削的社會，換句話說，就是基於殖民與奴役思想的社會。這就是為什麼在人工智慧之中、由人工智慧所導致的種族主義須要被制止。另一個案例是性別問題：人工智慧中的性別偏見被視為是壓迫與父權制（patriarchy）的歷史形式之延續，**並且**被視為可能導致新型態的壓迫與父權制。例如，在網路上的語言與特定的語言資料庫中可能存在偏見（例如，把醫生等特定職業與男性連結在一起的偏見），而如果這種偏見被餵給用來處理自然語言程序（natural language processing）的人工智慧與數據科學工具之中的話（Caliskan, Bryson, and Narayanan 2017; Sun et al., 2019），那麼，這便延續了在當前脈絡中所出現的歷史性偏見，**並且**有可能在未來加劇這種偏見。

然而，焦點卻往往在於歷史性偏見的延續。例如，在評論預測性警務時，克勞馥與卡洛（Kate Crawford and Ryan Calo, 2016）在《自然》（*Nature*）期刊中的文章說道，我們須要去探討「人工智慧系統如何不成比例地影響著早已因為像是種族、性別與社會經濟背景等因素而處於不利地位的群體」（312），他們就使用了認同政治的語言。也常有人主張，人工智慧可能反映出對女性的偏見，這是由於在通常以男性為主的科技研發人員的團隊中所出現的偏見，而這些研發人員又是從上一代人那裡繼承了這種偏見。因此，參考點是針對特定群體的歷史的與當前的歧視樣態，這些歧視是以身分（種族、性別等等）為特徵，而不只是例如以社會經濟為標準而已。此時此刻的歧視與壓迫的案例，是依據對特定群體的歷史性歧視而被看待的，這些群體基於身分而被定義，並且尋求著對於他們的身分與過往歷史的肯認。這個歷史的視角是與馬克思主義共享的，但是其焦點已經由捍衛一個特定社會經濟階級的利益並促進普遍解放的目標（馬克思主義），轉移到由他們身分所界定之特定群體的當前、歷史與未來。

基於歷史的類似論點，也可以被用來反對把機器人當作「奴隸」來使用與理解。而支持把機器人當作奴隸來使用的論點則是，這樣做可以停止對人類的剝削。布萊森（Joanna J. Bryson, 2010）反對賦予機器人權利，並主張機器人應該在法律上被視為奴隸，這樣一來，人們就可以像弗洛里迪（Luciano Floridi, 2017）曾提議的那樣，使用羅馬法來處理法律問題，根據羅馬法，奴隸主應該對損害負責。然而，如同我在前一章中所建議的那樣，從奴隸的角度來思考機器人似乎是不妥的。認同政治的視角現在能夠提供一個論證，來說明為什麼這種觀點是錯的，並且可以用來替代或是補充馬克思式的異議。由針對特定群體的奴役與歧視的歷史背景來看，人們可以反對把機器人視為奴隸，主張說它延續了一種主人與奴隸的歷史思維，延續了一種邊緣化並排除特定群體的歷史。雖然當機器人被當作奴隸來使用時，沒有任何人會遭受傷害，但這種關於社會關係的論述與思考是根本上有問題的。因此，反對把機器人看做奴隸的異議，可以得到普世的自由主義思考或是馬克思主義思考的支持，例如反對霸權式（hegemonic）和資本主義式的社會關係，或是得到身分認同的論點的支持，該論點把機器人的奴役與對於特定群體（的人類）的歷史、當前、甚至也許是未來的邊緣化聯繫起來。今日機器人是奴隸，但也許明日，這可能會擴展到另一個群體？此外，人們還可以把這個論點的範圍擴展到動物之上：我們對待一些非人動物的方式，難道不是一種奴役嗎？我將在第六章中談論更多與非人類有關的政治問題，但是這裡值得注意的是，所有的這些批評都共享著如下的觀點——無論是古希臘或是古羅馬關於奴隸的思考，或是後來在哲學史上假設或是支持了這種社會階層的發展，都不是對科技進行規範性評價的良好來源，因為他們延續了一種霸權式與殖民式的思考。因此，批判地研究政治排除與支配的論述是很重要的，它們可能伴隨著人工智慧的使用與發展。

在政治哲學與其他領域中，身分認同的思想仍存在爭議。即便是在通常支持身分認同思想的女性主義理論之中，也持續存在關於女性的身分認同意味著什麼的討論，例如，女性的身分認同是否是一種本質性的認同，還是一種必須由展演角度來理解的身分認同（Butler, 1999）。當代女性主義者們呼籲一種後認同政治（post-identity politics），它超越了「一種狹隘的肯認政治」和一種基於受害者身分的受難政治（politics of suffering），轉而關注「一種更廣泛的多元政治」（McNay, 2010: 513）並創造賦能自由（freedom-enabling）的生活型態（514）。例如，麥克奈（Lois McNay, 2008）反對把政治化約為認同議題。但是不出所料，也有持續來自於自由主義者與馬克思主義者的批判，馬克思主義者指責認同政治的支持者們只佔據了上層建築（superstructure）（文化）而不關注潛伏的經濟運作，因此只聚焦在邊緣化的群體卻忽視了產生不平等的一般性經濟結構，並仍舊受到資本主義邏輯的束縛。他們偏好使用「階級」（class）這個範疇來分析並挑戰在資本主義之下的社會經濟不平等。而福山（2018a）則警告，由身分認同來引導的社會使得審議與集體行動變得困難，因為它們裂解成不同的身分片段。他還指出，右派學會使用相同的語言，例如把白人男性變成受害者，而左派則分化為「一系列的身分群體」（Fukuyama, 2018b: 167）。他提議，在這類的民主社會中，我們須要「努力回到對人性尊嚴更加普遍的理解之上」（xvi）。

對於偏見與人工智慧的思考來說，此類討論與它們的政治脈絡（例如，黑人的命也是命的運動）仍舊具有相關性。要如何界定歧視與偏見，不僅在哲學上，在實踐中也都至關重要。我們應該在我們的演算法中建立普世的正義原則，還是應該透過科技或是其他方式聚焦在針對特定群體的偏見，並採取積極性差別待遇措施？我們應該接受在語言語料庫中出現的歷史性偏見（例如，聲稱說從網路導入的數據反映了社會的本來樣貌，說數據與演算法應該是「中性的」），還是堅持認為演算法從來都不是中性的，它們是具有偏見的，並應該要修正這種偏見，從而有效地貢獻於一個減少對於特定群體的歷史偏見的社會？這兩種類型的論證可以結合起來嗎，或是說它們是不可共量的（incommensurable）？這兩種規範性理論的某些面向是否可以在實踐中實行？如果可以的話，可能會出現哪些潛在的緊張關係？

結論：人工智慧不是政治上中性的

由技術哲學來看，我們知道科技不是、也不會是在道德上與在政治上中性的。一般來說（對所有的科技）都是如此，而人工智慧與數據科學也是如此。雖然有些人認為，如同馬茨那（Tobias Matzner, 2019: 109）所言，「如果人們不持續地用他們的偏見來糟蹋演算法的話，它們可以是中性的」，但這種觀點是錯誤的。相反地，人類與機械之間的關係是遠遠更加複雜的，而對人類與人工智慧的關係來說也是如此。人工智慧演算法從來都不是中性的，而社會中的偏見與產生自演算法及數據科學過程的偏見，兩者都須要進行評估。同樣地，如同吉特爾曼與杰克森（Lisa Gitelman and Virginia Jackson, 2013）所說，數據本身不是中性的、客觀的、或是「原始的」，它們反而是「透過知識生產的運作所產生的」（3），這涉及了詮釋、策畫與感知——包括了感覺（Kennedy, Steedman, and Jones, 2020）。如前所述，例如由人工智慧所使用的語言語料庫裡頭可能存在著偏見。偏見也鑲嵌在語言本身，例如性別偏見，試想英語單字「man」的使用方式不僅預設了指稱男性，也指稱一般的人類整體（Criado Perez, 2019: 4）。此外，正如我早已提出，處理數據的團隊也並非中立，人們可能存在著偏見，而團隊可能缺乏族裔與政治觀點的多樣性，例如當他們主要由白人男性組成的時候，他們便共享著特定的政治觀點，包括了關於認同政治的觀點（Criado Perez, 2019: 23）。技術官僚制（technocracy）也不是中立的或是去政治化的，只靠科技專家本身無法解決倫理與政治爭辯，而科技公司也有它們自身的政治。舉例來說，根據穆雷（Douglas Murray, 2019: 110）的說法，像是Google等矽谷公司在政治上是左派的（更精確地說，左翼自由至上主義〔left-libertarian〕），並對它們的員工抱有這樣的期待——即便他們所宣揚的並不總是能得到實踐，例如當涉及到它們自身工作團隊的多樣性時。像是Amazon或是Uber等科技公司也透過人工智慧與演算法來監控他們員工的表現：Amazon使用人工智慧自動地解雇低生產力的員工（Tangerman, 2019），而Uber的演算法對其司機進行排名，從而決定他們應該得到多少薪酬，甚至決定他們是否會被解僱（Bernal, 2020）。只要這類實踐是剝削的，就與它們的政治論述形成鮮明對比，並且它們本身就不會是倫理上或是政治上中性的。最後，如同我在前一章中所指出的，除卻科技公司及其市場的當前環境，人工智慧服務更依賴於全球南方的人類勞動，而後者並沒有從他們的勞動中獲得公平的報酬。

由於人工智慧、數據以及處理科技的人員與組織的這種非中立性，這些科技操作、實踐、詮釋與感知，都須要被評估。然而，那仍然留下一個懸而未解的問題，也就是**如何**以及在什麼基礎上進行這種規範性評價的問題。因此，討論這些規範與相關的概念是至關重要的。在本章中，這意味著我們要討論偏見與歧視、（不）正義、（不）平等與相關價值的意涵是什麼，以及它們究竟為什麼是有問題的。我已經介紹了用來評估人工智慧的一種規範性、**政治哲學的**概念框架的另一個部分：一個基於諸如平等和正義等概念的框架。這可以為關於人工智慧之政治的討論提供訊息，在該科技受到開發與使用的那些地方，也是如此。

這另外涉及了該由**誰**來評估，並採取行動來解決這些問題的問題。該科技的研發者們在此扮演著重要的角色，因為他們也要對他們的科技產生的效應負上責任。而部分來說，他們已經承擔起這個角色：作為員工，他們受到他們為其工作的公司與組織的激勵而去這麼做，這些公司與組織至少在口頭上支持說會開發負責任的人工智慧；或是作為不是只想要賺更多錢的企業家；或是作為本身就有動力去改變事物的公民們，例如說作為駭客。正如韋伯（Amy Webb, 2020）所示，為了應對數位革命與其所帶來的大規模監控、權力集中、以及威權主義，一場破壞並改變事物的鬥爭正在發生。駭客行為因而是社會運動的一部分，也是一種把事情掌握在自己手中的新形態的行動主義（activism）。作為公民們，駭客為「奪回他們的民主」而戰（4），或許也是為了維護自由以及為了實現更多的正義與平等。除此之外，人們還可以就人工智慧的政治影響展開更廣泛的公民教育，而這便涉及了如何測量影響的問題，這種影響往往難以預測（Djeffal, 2019, 271）。再此外，政治的重要性與影響本身也可以被討論。須要開發更多新的工具，用來探究人工智慧之未來與潛在的社會及政治重要性及後果，並且為一場關於這些可能性的高品質討論創造條件。這對於人工智慧的研發者與公民們兩者來說都是有幫助的。

更一般地說，對於這個在背景中赫然聳現、關於根本政治議題的廣泛且具有挑戰性的討論，科技工作者、公司、組織、政府、駭客、教師與公民們都不應該獨自應對人工智慧挑戰的政治問題，而是應該就這個主題展開一場更廣泛且公開的討論。在民主社會中，我們（公民們）應該決定政治的方向。在專家的協助之下，這可以幫助那些開發科技的人們創造許多視角，透過這些視角他們得以分析在人工智慧中的偏見，並且在必要的時候，在這些科技之中或是透過這些科技來矯正偏見。來自政治哲學的概念工具——在本章中，關於正義與平等的討論——有助於提升這些民主討論的品質，找到一條規範性的方向，並且重新設計這些科技。下一章將進一步討論人工智慧與民主之間的關係。

#民主

同溫層效應與機器極權主義

導言：人工智慧作為民主的一個威脅

民主與人權和法治（the rule of law），通常被視為是西方自由主義憲政（Nemitz, 2018: 3）與自由主義思想的一個核心要素。世界上許多的政治體系都以民主的理念為訴求。人工智慧會強化民主，抑或是削弱民主？有鑒於人工智慧普遍的社會與政治後果，人工智慧對於民主的影響會是什麼？

如今，許多批評者警示，人工智慧威脅著民主。一九九〇年中期，任副總統高爾在一次演講中所談到（Saco, 2002: xiii），網路與人工智慧之使用創造了一種新的政治**市集**（political agora）的時代，甚至有可能建立起「一個新的雅典民主的時代」，但與此相反，人們擔心AI技術將導致一個更不民主的世界，甚至是一個反烏托邦。批評者們質疑科技是政治上中立的的想法，或是懷疑網路和人工智慧等等的數位科技必然帶來進步。例如，在《監控資本主義時代》（*The Age of Surveillance Capitalism*, 2019）中，祖博夫主張說，使用大量行為改變技術的監控資本主義不只是一個對於個人自主的威脅，也是對於民主的威脅，因為它推翻了人民的主權。為了說明其為什麼是反民主的，她引用了湯瑪斯・潘恩（Thomas Paine）的《人的權利》（*The Rights of Man*）一書，該書警告要提防貴族政治

（aristocracy），因為這樣的一群人不讓它們自己對任何人進行負責（513）。然而，這一次的暴政不是來自於貴族們，而是來自於監控資本主義，一種原生的資本主義形式（518），它侵佔了人們的經驗並強制施加了一種新的控制：知識之集中意味著權力之集中。韋伯在《九巨頭》（*The Big Nine*, 2019）中同意說，我們無法控制，因為大公司型塑了我們的未來。這不是民主的。或是如同戴蒙（Larry Diamond, 2019）所言：對大科技公司來說有利的事情「未必對民主來說是有利的——或甚至未必對我們個人的身心健康來說是有利的」（21）。此外，不僅是公民，國家也變得逐漸依賴於企業，以及它們對公民的理解（Couldry and Mejias, 2019: 13）。然而，祖博夫（2019）仍然相信說，透過民主來進行改革是可能的。受到漢娜・鄂蘭的啟發，她認為新的開始是可能的，我們能夠「重新奪回作為人類家園的數位未來」（525）。相較之下，哈拉瑞（Yuval Noah Harari）在《人類大命運：從智人到神人》（*Homo Deus*, 2015）一書中認為，既然民主無法應對數據，那麼民主在未來可能會衰退，甚至完全消失：「隨著數據的量與速度同時增加，像是選舉、政黨與議會等古老的制度可能會逐漸過時」（373）。科技變遷日新月異，政治已然無法追趕；現在影響著我們生活的關鍵選擇，例如關於網路的選擇，從未經過民主的程序，即使是獨裁者，也被科技變遷的腳步所累。

本章透過有關民主及其條件的政治哲學理論，包括知識／專業與民主的關係，並且透過探究關於極權主義的起源，來進一步研究人工智慧對於民主的影響。首先，本章大概描述了一方面是強調知識、教育與統治者專業的柏拉圖式與技術官僚式的政治觀，另一方面是按照杜威與哈伯瑪斯的方式的參與式（participative）與審議式民主（deliberative democracy）理念，以及兩者之間的緊張關係；而後者受到慕芙與洪席耶的批判，他們提出了一種不同的、基進的、爭勝式的民主與政治的理念。本章問道，人工智慧如何威脅或是支持這些不同的民主理念與概念，例如人工智慧可以被用來使直接民主（direct democracy）得以實現，但它也可能被用來支持威權式的技術官僚政治：由專家來統治，或是如同哈拉瑞所建議，由人工智慧本身來統治。而如果民主要求公民們了解彼此的觀點，並參與以共識為目標的審議的話，那麼，數位科技可以促進這一點，但在此同時也存在著一些導致公共領域的分裂與極化的現象，從而威脅這種民主的理念。最後，人工智慧可能會被那些試圖摧毀民主本身的人們所利用：作為柏拉圖式的哲學家皇帝或是哈伯瑪斯式民主的工具，它可能被用來推動一個理性工義式（rationalist）和技術解決主義式（technosolutionist）的政治理解，而這種理解忽視了政治固有的爭勝性維度，並有排除其他觀點的風險。

其次，本章問道，人工智慧是否有助於為極權主義創造條件的問題。基於鄂蘭（2017）關於極權主義起源的著作，本章思索人工智慧是否支持了一個這樣的社會，在其中孤獨與缺乏信任為極權主義的可能創造了肥沃的土壤。而如果人工智慧，被企業與官僚機構用作為以數據對人們進行管理的工具的話，那麼這就有如把人當作物品，並且可以——透過那些**只是做著他們工作**的人們的非預期結果——導致鄂蘭（2006）所謂的「平庸之惡」（the banality of evil）。這不只是一個過往的歷史問題而已，更構成了一個當前的危機，當我們的數據被掌握在科技公司與政府行政部門手中時，他們可能會聽從他們的經理與政客的吩咐來行事，並停止**思考**。

人工智慧作為對民主、知識、審議與政治本身的威脅

由柏拉圖開始：民主、知識與專業

若要知道人工智慧是否以及如何威脅著民主，我們首先要知道民主是什麼。讓我們看看不同的民主觀點及其條件，包括了知識／專業與民主之間的關係。

民主是對以下這個古老問題的一個答案：誰應該統治？民主理論經常回應著

柏拉圖，他拒絕民主並認為統治需要知識，特別是關於善與正義的知識。在《理想國》（*the Republic*）裡頭，他把民主與無知聯繫在一起，並認為民主會導致暴政。他以航海作為比喻，說一個好的領袖應該是知識淵博的，既然作為船長，他需要能控制國家這艘船。柏拉圖使用的另一個比喻是醫生的比喻：如果你生病的話，你會想要得到專家的建議。治理國家是一門技藝和專業。因此，哲學家們應該進行統治，因為他們熱愛智慧，以及對現實與真理的探索。柏拉圖所說的「哲學」並非指稱學術性哲學：在《理想國》中，他明確地指出，衛士們也會接受音樂、數學、軍事與體能訓練（Wolff, 2016: 68）。而相較之下，把權力給予人們就意味著讓無知、歇斯底里、享樂與怯弱來進行統治。在沒有適當領導的情況下，政治衝突與無知就會導致人們要求一個強大的領袖，一個暴君。

這種觀點在現代發生了改變。新的人性與政治概念出現了，並且根據這些概念，多數人而不僅只是少數人是有能力實現自我統治的。舉例來說，盧梭的思想也旨在遠離暴政，但對他來說，解決柏拉圖式的權威問題的辦法，不是讓受過教育的少數人來統治，而是全體公民的教育：自我治理是可欲且可能的，只要所有的公民都接受道德教育（Rousseau, 1997）。盧梭因此成為政治理論中另一股力量的基礎，其相信民主並把自我治理擴大到所有的公民身上，並為自我治理增添一些條件。但是這種自我治理，應該採用什麼樣的條件，並應該採取什麼樣的形式呢？去說民主不應該一個由哲學家皇帝來統治的問題，這是一回事；具體說明民主需要什麼樣的知識（如果有的話），並且界定民主所應該採用的確切形式，則是另一回事。例如，民主是否應該包括審議與參與呢？而人工智慧會如何以及是否與這種形式的民主有所關聯呢？

讓我們從有關知識與民主的問題開始。在政治理論中與我們的討論相關的一個討論是，技術官僚制／民主制的辯論，這個辯論應該不會晚於柏拉圖，並且隨著現代官僚體系的興起，這個辯論又獲得新的意義。在最近幾十年，人們不斷呼籲由數據所驅動的決策、智慧治理（smart governance）以及科學的、循證的政策；這類政策與參與式治理和更加基進的民主形式的呼籲是處於緊張關係的。在這些論點和語言之間的分歧（Gilley, 2016）反映了對於知識與專業在政治中的作用的對立觀點。

人工智慧往往被認為是堅定地站在技術官僚制的這邊。它為產生關於社會現實的知識提供了新的可能性——也可以說是建構了社會現實。統計科學早已被用在現代治理上許久了，但是隨著機器學習的發展，預測性分析的可能性也在不斷擴大。庫德瑞與梅嘉（2019）談及了一種新的、由人工智慧來賦能的社會知識論

（social epistemology）。人工智慧為由技術官僚所主導的社會創造了新的權力，這與民主的理念形成對比。人工智慧似乎是一個專家的領域，超出大多數人的理解。例如，巴斯夸利（Pasquale, 2019: 1920）曾說，為了專業與權力的公平分配，需要創建激勵措施，使個人能夠了解人工智慧及其供應鏈。如果這種情況沒有發生的話，我們很可能會完全依賴於人工智慧以及用它來控制我們的官僚們。哈拉瑞等超人類主義者甚至想到，人工智慧將在未來統治我們；但撇開科幻小說不談，其實可以說我們早就被大公司所統治了，它們使用人工智慧來操控我們——如同祖博夫所指出的那樣，這完全超出了民主的控制。當我們早已被Google、Amazon和其他大型企業的玩家們統治時，誰應該統治就只是一個理論問題而已。從這個意義上來說，人工智慧在本質上存在著一些反民主的面向。此外，人工智慧所提供的這種知識是否足以用於決策？可以說，一個需要人類判斷與民主審議的間隙，一直存在著。人工智慧所展示的那種智慧，常常與人類的社會智慧形成對比，而後者在民主社會之中對於政治論述與建構社會意義來說是必需的；人工智慧是否也能支持更加民主的政府與治理形式呢？如果可以的話，又該如何做到呢？為了開展這個討論，我們須要進一步探究這樣的核心問題——民主是什麼，以及民主需要什麼樣的知識。

超越多數決與代議

許多人認為，民主就是多數人的統治，並想到了一種代議制形式的民主。但是這兩種民主的觀點都可以並且持續受到質疑。首先，**民主作為多數人的統治**必然是一件好事，這一點並不清楚。正如德沃金（2019）所言：「為什麼從數量上來說，更多人偏好一種行動方案勝於另一種行動方案的這個事實，就表示了這個更受偏好的政策是更公平的或是更好的呢？」例如，想想在一位具煽動性的領袖的左右下，大多數人可能會決定廢除民主，並建立一個威權主義的政府——這是柏拉圖老早就警告過的事情。至少，作為多數決的民主似乎不是一個民主的充分條件：也是它的必要條件，但還需要更多的條件才行。有些人還會加上對自由或是平等的需求：這些價值常常被寫入自由民主的憲法之中；其他人則會加入一些更柏拉圖式的要素，像是要求政治決策是好的（因為多數統治並不能保證一個好的結果），而這當然會引發什麼是一個好的決策和結果的問題，或是要求統治者需要具備一定的技能與知識。他們是否應該像柏拉圖與盧梭所說的那樣，在道德上是好的呢？無論如何，可以說即便在一個民主制度中，領導者的某些素質是必要的。貝淡寧（Daniel A. Bell, 2016）主張，政治功績（political merit）是透過三個屬性來決定的：政治領袖的智識能力、他或她的社交技巧（包括情緒智商——

參見Chou, Moffitt, and Bryant, 2020）、以及他或她的德性。最後的這一點與柏拉圖是一致的。而與柏拉圖的觀點相反，大衛・埃斯特倫德（David Estlund, 2008）認為柏拉圖式的、作為專業的政治權威（political authority）概念把專家與老闆混為一談。他把這稱之為「專家／老闆的謬誤」（the expert/boss fallacy）：有些人比其他人擁有更多的專業知識，但是「從他們擁有專業知識之中，根本無法推論出他們對我們來說擁有權威，或是說他們應該擁有權威」（3）。但是如果我們把政治權威的問題，與關於專業知識的問題分開來看的話，這是否意味著專業知識與個人素質在民主制度中根本不應該發揮任何作用？在我們所熟知的民族國家（nation states）的背景之下，官僚主義的操縱是否是完全不可避免的？而在某些情況下，使用人工智慧來影響行為是否也是可以的，甚至是可取的，還是說這必然會導致威權主義呢？對於技術官僚制的否定留下了一個問題，即專家們、專業知識和科技，究竟在民主制中應該扮演著什麼樣的角色？

此外，我們所熟知的**代議民主制**（representative democracy）也不斷遭受質疑：有些人認為，只有直接民主（direct democracy）才是真正的民主。然而，在（大的）民族國家的背景下，這似乎難以實現。古代版本的民主發生在城邦國家（city state）的背景之中，而盧梭有他心目中的城邦國家（日內瓦）。這是否會是一個更好的治理層次，或是說即使是在現代的民族國家之中，直接民主也是可能的？人工智慧是否對此能有所助益？如果是的話，確切來說是如何進行？

在代議民主制與多數統治之外存在著替代方案，而這些替代方案也同時避開了柏拉圖式的政治權威觀：**參與式**與**審議式**，以共識為導向的民主理念。有時候，這些民主的概念是作為對民粹主義（populism）的回應來進行表述的，民粹主義被指控無視於公共辯論的寶貴規範，「像是說出真相、聽取他人的理由和尊重證據」（Swift, 2019: 96）。這就假定了，更多的條件須要增添給作為多數統治與代議制的民主；意思是說，民主對公民們的要求不僅只是偶爾投一次票或是少數服從多數那樣而已。例如，民主的一個含意是作為公共證成和審議的民主：在平等者之間自由且合理的辯論，並且旨在促成公民間的合理共識（Christiano and Bajaj, 2021）。這樣的民主概念可以在哈伯瑪斯、羅爾斯、科恩（Joshua Cohen）與奧尼爾（Onora O'Neill）等人身上發現，他們相信在民主與使用公共理性和審議之間存在著聯繫。例如，與哈伯瑪斯的觀點一致，古丁（Robert Goodin）在《反思性民主》（*Reflective Democracy*, 2003）中主張一種民主審議的形式，在這種形式中，人們想像自己站在其他人的立場。與其把民主限制在人們進行投票的這個「外部」行動之上，他提議把重點置於應該構成民主基礎的「內部」行動與過程上，特別是人們經過反思並深思熟慮後做出的判斷，以及對於應該要集體做出什麼的共同決定（1）。他所謂的「反思」指的特別是，透過設身處地的想像，人們「對於他人的困境感同身受」，也包括那些遠在他方、有著不同利益的人們（7）。事實與信念也很重要，而不只是（衝突性）的價值觀（16）。

因此，我們可以區分一個「薄的」或是過程性的、形式上的民主理念，其透過投票賦予人們發言權，以及「厚的」民主理念，包括了一些像是審議、知識／專業、想像力等條件，這會讓民主比起「僅是人們選票的集結」來得更加豐富（Goodin, 2003: 17）。而雖然從一種啟蒙運動的角度，以及為了避免一種菁英或是柏拉圖式威權主義版本的民主，並支持參與式的民主形式的角度，讓所有公民都牽涉其中並且對他們進行教育是很重要的，但是提升參與性是相當具挑戰性的。例如，讓人們直接投票並不必然會提升他們在政治中的參與程度（Tolbert, McNeal, and Smith, 2003）；而對公眾來說，儘管是有著他們得以參與的政治活動的各種形式，包括例如透過社群媒體來進行的線上政治參與，但也不代表什麼。無論如何，參與式民主是認真對待人民自身做出政治決定的潛力的，而不是將其委託給一位哲學家皇帝或是菁英團體；參與式的民主理念反對由「暴民」來統治的柏拉圖式悲觀主義，並且由於受到盧梭和其他啟蒙運動思想家們的影響，參與式民主更加相信普通的公民，以及他們審議及政治參與的能力。

這對人工智慧來說意味著什麼？這種民主排除了非參與性的治理形式，諸如由專家及人工智慧進行**排他性**的技術官僚治理，以及對人工智慧的演算法及建議的**盲目**且排他性的依賴。不過，這也保留了一種可能性，也就是只要公民自己可以有著最終決定權，並能夠依靠自己的判斷與討論，那麼專家以及在人工智慧的協助下所獲得的知識，能以某種方式參與民主進程。然而，人工智慧確切可能採取的潛在參與形式仍舊不明。在實踐上，人工智慧和數據科學早已參與到民主決策之中，但是由於大多數現有的民主類型並不具備高度的審議性與參與性，因此很難去說這種結合會如何運作。因而在人類的判斷與機器計算及預測之間，仍然存在著一種張力。

讓我們仔細檢視審議式民主與參與式民主理論，及對其基進的批評。

審議與參與式民主vs.爭勝與基進式民主

在**審議式**民主制中，公民們在彼此平等的人們間的公共審議中運用實踐智慧，在這種公共審議之中，他們不只關心自身的目標與利益，也對其他人的目標與利益做出回應（Estlund, 2008）。在此，民主就是關於自由的公共推理和討論，並且為這種討論創造出條件（Christiano, 2003）。哈伯瑪斯把這看作是一種理性的政治溝通過程：由理性來指引的溝通。他的敘述以基於「理想言說情境」（ideal speech situation）而聞名，在這種理想情境之中，審議的過程只受理性之力的引導，而不受非理性的強制力影響，並且由達成共識的慾念所驅使。後來，論證的幾個預設形成他的話語倫理學（discourse ethics）的基礎（Habermas, 1990）。根據埃斯特倫德（2008）的說法，這種取徑引入了超越民主本身的價值，因為它超越了一種對民主的程序性理解。但是，審議式民主的支持者們可能會回應說，民主不能被簡化為一種投票程序，而是需要納入理性之公共使用。如此，論證與審議並非是要增添給民主理念的一個「額外之物」——比如，另一種價值或是原則——而是這個概念的一個核心部分。此外，把古丁以及（其他）對哈伯瑪斯思想的進一步發展納入考量，人們還可以增加換位思考（perspective-taking）和團結的概念。人們還可以把「實踐智慧」（practical intelligence）與古代的*phronesis*一詞重新連結起來：這樣，公民們就會需要發展實踐智慧，包括——我們能再加上鄂蘭的說法——他們的政治想像。

在民主作為投票或是代議制之外，還有著其他的民主理論，並且也強調溝通的重要性。例如，杜威的**參與式**民主理念便要求主動參與的公民，並且再次強調對於知識的要求：人們須要接受教育才能參與政治。在《民主與教育》（*Democracy and Education*, 2001）中，他提出了一種民主的理念，民主不只是一種政府的形式而已，而是一種特定的社會：「民主制不只是一種政府的形式而已；他主要是一種聯合的生活模式，一種共同交流經驗的模式」（91）。更一般地說，政治之意義在於建立社會。然而，在杜威看來，要使一種關係真正成為社會的，僅靠接近或是為一個共同目標來努力是不夠的。他對這個機器的類比進行了反思：一個機器的各個部分協同工作以達到一個共同的結果，但是那並不是一個社會群體或是一個共同體。它仍舊過於機械了。對於真正的社會性與共同體而言，溝通是必不可少的。如果我們想要努力朝向一個共同目標並尋求共識，我們就需要溝通：「每個人都必須知道對方在做什麼，並且必須擁有某些方式讓對方知曉他自身的目的與進展」（9）。此外，參與需要教育，「它能使個人在社會關係和控制產生一種個人利益，並且產生一種思維習慣，確保社會變革但又不至於造成混亂」（104）。

杜威承認這種民主的理念聽起來像是柏拉圖式的，但是此種理念拒斥後者的階級威權主義。他說，柏拉圖的理念「是透過把階級而不是個人當成社會單位，因而危害了自身」（104），而且它沒有改變的餘地。他也反對十九世紀的國族主義（nationalism）。杜威有一個更具包容性的民主概念——民主應該是一種給所有個體的生活方式與一種交流經驗，而不是只為一個特定的階級。他相信，個體們可以透過教育來發展可接受的行為模式。因此，在杜威看來，民主是關於個體們作為相互連結、溝通的存在，它是透過互動與溝通來打造。它需要一些功夫：雖然在與其他人聯繫在一起的意義上，我們生來就是社會的存在，但是共同體與民主須要被製成；它們是由所有公民，而不只是由有限的代議士來打造的。

然而，民主應該要是審議的、並且旨在達成共識的想法，受到基進思想家們的批判，諸如艾莉斯·楊（Iris Young）、慕芙與洪席耶。在《涵容與民主》（*Inclusion and Democracy*, 2000）一書中，楊特別批判了哈伯瑪斯的民主概念：對她來說，政治不只是關於爭論或是冷靜的表達，民主應該更具有**包容性**（inclusive）與溝通性，以一種吸納新的聲音和其他的發言風格與方式來進行。建立在最佳論證上的審議，忽略了演說的風格與呈現方式，而兩者都從屬於受過教育的人表達他們自己的方式。對話的規範可能會排除他者。人們也可以用不同的方式來表達他們自己，例如透過公開講述故事的方式（Young, 2000；另見Martínez-Bascuñán, 2016）。楊（2000）捍衛了一種政治包容性（political inclusion）的概念，這個概念超越了投票並且強調溝通：「一個民主決策的規範正當性取決於那些受到它影響的人們被納入決策過程的程度」（6）。這所需要的不只是投票權而已：楊主張說，我們須要考量溝通、代表與組織的模式，並且我們不該把我們的政治溝通的概念限於爭論之上。在審議式民主中，特定的表述風格受到青睞，而這排除了其它的風格和特定人士；一方不斷努力以一種為情感與修辭騰出空間的方式來詮釋哈伯瑪斯（和康德）（Thorseth, 2008），楊卻肯認情緒的角色和別種從事政治的風格。

透過強調政治對抗與差異的方式，慕芙回覆了哈伯瑪斯與其他審議式的、以共識為導向的民主理念：差異將永遠存在，並且應當永存，沒有從紛爭中得到救贖的希望。她反對柏拉圖式與理性主義式的政治與民主理念，她認為，對於所有的衝突來說不存在一勞永逸的政治解方；反而，衝突是民主制度生氣蓬勃的一個標誌。這是她所謂的政治之**競勝**維度（the agonistic dimension of politics）。她把政治理解為「內在於所有人類社會的對抗性維度」（Mouffe, 2016；另見Mouffe, 1993; 2000; 2005）：無論具體的政治實踐與政治制度為何，它是永遠無法被消除的。這也意味著排除是不可避免的——一種沒有排除的理性共識，一個沒有「他群」的「我群」，是不可能的。在民主社會中的衝突不應該被根除，政治認同是以一種劃分「我群」與「他群」的方式來創建的（另見第六章）。此外，與楊相同，慕芙肯認與理性並駕齊驅的情感的角色：「激情」也同樣發揮著作用。然而，衝突並不意味著戰爭，他者不應該被視為敵人，而應該被視作對手、反對者。這種理解民主的方式承認了在社會生活中存在著紛爭的現實（Mouffe, 2016）。並不存在理性或客觀的組織社會的方式，因為這種解方本身也是權力關係的結果，理性的共識是一種幻想。慕芙提出一種競勝式多元主義（agonistic pluralism）：一種基於建設性分歧（constructive disagreement）的體系。如同法卡斯（Johan Farkas, 2020）所指出，慕芙受到路德維西・維根斯坦（Ludwig Wittgenstein）的影響，維根斯坦認為任何意見上的一致都必須依賴於生活形式上的一致。各種聲音的融合得以可能不是因為它是理性的產物，而是由於一種共同的生活形式（Mouffe, 2000: 70）。慕芙反對哈伯瑪斯以及一般來說的審議式與理性主義的取徑，主張培養「一種成為民主公民的多元化形式」（73）。如果我們未能建立這種競勝式多元主義，另一個選擇就是威權主義，在威權主義中，領導人們被期待做出客觀且真實的決定。

洪席耶也反對柏拉圖式的、以及以共識為導向的民主理念，並且拒斥由專家來管理以及代議民主制。在一種特定版本的社會主義的影響下，他主張，拒絕直接民主就是對於缺乏教育的階級群眾採取一種居高臨下的態度。相反，他提議去聽取工人們有什麼話想說。他對政治與民主的看法贊同根植於歧義（disagreement）與非共識（dissensus）的政治行動，在《歧義》（*Disagreement*, 1999）與《非共識》（*Dissensus*, 2010）中，他說當鑲嵌在現行秩序中的不平等被打斷並重組時，平等就會展現出來，而這正是我們所需要的。洪席耶質疑代議制與民主是否是同一件事，他認為，我們的制度具有代表性，但不是民主的，它們是寡頭政治的（oligarchic），「沒有好的理由去說明為什麼一些人應該統治另一些人」（Rancière, 2010: 53）。統治階級的權力應該要被質疑。代議制度的不穩定性不應該歸咎於民主。他批判了在無知群眾與頭腦清醒、通情達理的菁英之間的區分；即使是有潛在的危機，也不能以此說明由行家與專家來進行統治是有道理的。在一次訪談中（Confavreux and Rancière, 2020）他說道：「一段時間以來，我們的政府一直以危機迫在眉睫作為藉口來進行運作，說這場危機使世界的事務無法託付給一般的居民們，而須要交由危機管理的專家們來照護」。他認為一般人民完全有能力獲取知識，在《無知的教師》（*The Ignorant Schoolmaster*, 1991）一書，他提出「所有人有著平等的智力」（18），即窮人們與被褫奪公權的人們也可以自學成材，並且為了我們的智識解放，我們不應該受制於專家們。

受到慕芙和洪席耶的影響，法卡斯和舒爾（Jannick Schou）（Farkas and Schou,

2020）介入了假新聞與後真相（post-truth）的辯論之中，反對把民主的理念等同於「在一種**先驗的**方式之下的理性、理智與真理的理念」（5）。他們質疑威脅著民主的只是謊言（falsehood）的這個觀點，反對哈伯瑪斯，與慕芙和洪席耶站在同一陣線，把民主看作是持續發展的，並且是政治與社會持續奮鬥的對象。他們也質疑了代議民主制，認為民主不只是關於投票而已，而理性也無法拯救民主。他們反對以真理為基礎的解決方案主義（truth-based solutionism），反對給政治共同體設定單一公式，反對一種理性共識的理想，並且反對把共識奠基在真理與理性之上。他們認為，民主總是產生不同的真理（並非大寫的那種真理），而且有多種的依據或是基礎；如果民主是關於真理的話，那麼就是那種關於差異、多元性與多重性的真理：

> 對於一個運作良好的民主體制來說，它妥適之處並不在於它能夠依據理性與真理來航行，而是在於它能夠把不同的政治項目與團體納入其中並且給予他們發聲的能力。民主是關於社會應該要如何組織的不同願景。它是關於情感、情緒與感受。（Farkas and Schou, 2020: 7）

法卡斯（2020）警告，「假新聞」可能會成為一種攻擊對手的修辭武器，並問：誰來在假與真之間劃下界線？誰來確立他們自身的權威地位呢？而如果政治、真相與後真相的意義是被展演和建構出來的話，那麼我們就應該問：是誰在展演哪一種真理的論述（truth discourses），又是為了什麼呢？與德希達（Jacques Derrida）的立場一致，法卡斯與舒爾（2018）相信，意義之封閉依賴於排除，而論述始終是「特定意義的固定結果，是政治鬥爭的結果，這些鬥爭隨著時間壓制了他種替代途徑」（301）。這種做法並不意味著專家在民主制中不再擁有任何位置，反而，這種緊張關係在自由民主體制中仍是一個動力，是民主必須要去平衡的力量。此外，像人工智慧這樣的新科技能有助於實現這種民主理想。法卡斯與舒爾（2020: 9）相信，把數位科技與更具參與性及包容性的民主形式配對在一起，是唯一的進路。

我將在下一章重新討論情緒的問題。對目前來說，很明顯的是，一方面來說，那些（從柏拉圖到哈伯瑪斯）訴諸專業知識、真理、理性與共識的人們，與另一方面，那些把民主視為鬥爭和／或直接參與的人們之間，存在著緊張關係：如同法卡斯與舒爾（2020: 7）所言，民主是人民之統治，而不是理性之統治。審議—參與式和爭勝式的民主理念兩者，都反對了一般人民可能偏好威權主義，或是人民可能是冷漠的警告（參見，例如道爾〔Robert Dahl, 1956〕或是薩托里〔Giovanni Sartori, 1987〕——如同薩托里所言：選民很少行動，他們僅「做出反應」〔123〕），並且反對這個觀點，例如由熊彼得（Joseph Schumpeter）等人所捍衛的案例，即「一般人民根本沒有**能力**去理解在政治決策背後的議題，所以他們樂於把這些決策交給他們認為更有資格處理它們的人」（Miller, 2003: 40；米勒的強調）。

但是人們要如何才能獲得這種能力呢？是像洪席耶想的那樣，自我教育就夠了嗎？還是像杜威提議的那樣，我們需要普遍的教育？杜威的民主理念是非代議制的。但即使是在一種代議制體系中，還是有人會主張，為了能夠更好地選擇他們的代議士，人們需要接受教育。此外，教育還可以抵禦威權主義的危險。重點不是像彌爾所提議的那樣，把更多的選票給予受過良好教育的人們（這也與柏拉圖式的觀點不謀而合），而是要教育每個人。

科學與科技，能否透過這種教育來幫助人們克服無知呢？這在很大的程度上取決於如何使用科技，以及提供什麼樣的知識。事實是必需的，但是未必能改變人們的想法，並且如同我們將在下文中看到的，僅有訊息是不夠的。此外，還存在著以科學、科技和良善管理來取代政治的危險。人工智慧在政治上的使用往往會受到一些人的動員與支持，這些人認為政治鬥爭與混亂的複雜性可以被簡化為理性決策，並往往尋找著客觀而言比起其他選項更好的結果。還有另一種柏拉圖式的誘惑，即想把政治變成一個關於哲學真理與專業知識的問題。在〈兩種自由的概念〉（Two Concepts of Liberty）（參見第二章）中，柏林早已警告說，不要把所有的政治問題都轉化成技術問題：如果每個人都同意某個目的，那麼唯一剩下的問題就是關乎手段，它們可以「由專家或是機器來解決」，而政府則成為聖西蒙（Henri de Saint-Simon）所謂的「事物之行政」（Berlin, 1997: 191）。此外，科學知識對於政治判斷來說很有可能是必要條件，但是它肯定不是充分條件。瑪格納尼（Lorenzo Magnani, 2013）曾說，我們在道德上所需要的知識不應該只有科學知識而已，「還應該是鑲嵌在重新塑造的『文化』傳統之中的人文與社會知識」，並且我們需要一種「能夠處理全新的人類生活的全球狀況」的道德，透過把那些往往在空間和時間上遙遠的結果納入考量（68）；而後者需要想像力。政治知識也是同樣的道理。此外，人們還可以說，讓政治更具有包容性、減少技術官僚色彩，並且像杜威所提議的那樣倚靠匯集的集體智慧，是解決這些問題的一種方法，因為它帶來了社會知識與情境化知識（situated knowledge）：這些知識鑲嵌在具體的文化和歷史背景之中，並由其所塑造，而這是科學所無法（輕易地？）提供的。這可能有助於政治的想像力。

但是如果民主需要更多的審議和參與的話，那人工智慧的角色又是什麼呢？它是否有助於由本文在此討論的理論家們所構想的那種審議、溝通、參與和想像力呢？或是說，它只是用來操控選民的工具，或更一般地說，用來把人們轉化為事物的工具（數據）而已？它是否能協助公共推理，還是它是對這種理想的一個威脅，有鑑於它做出的建議以及它做出建議的方式可能是不透明的，並且——至少在機器學習的形式中——它工作的方式與推理或是判斷毫無關係？人們（包括政治人物）是否有足夠的知識和技術，來處理由人工智慧與數據科學所提供的資訊，還是說我們就是處在技術官僚菁英的掌握之中，而他們知道什麼對我們來說才是好的？如果人工智慧提供了，以斯坎倫（Thomas Scanlon）的話來說，一種「沒有任何人可以合理地拒絕」的規則呢（Scanlo, 1998: 153）？人工智慧主要是為柏拉圖式的治理模式創造了環境，還是讓哈伯瑪斯或是杜威的那種民主成為可能？人工智慧是否將被用於理性與客觀性的一方，從而潛在地對抗被認為過於感性的人們？它還有可能在競勝式與基進民主之中發揮作用，包括維持差異並促進所有人的解放嗎？進一步討論這些問題的其中一種方式是，去指出訊息泡泡與同溫層效應的問題，我們現在轉向這些問題。

訊息泡泡、同溫層效應與民粹主義

基於這些審議式民主與爭勝式民主的理想，人們可以提出，像是人工智慧等智慧型科技，應該有助於透過社群媒體使更加廣泛、更具包容性的政治參與得以可能。但這時候，我們應當考慮這些科技在知識方面上的挑戰與侷限。

其中一些與網路和社群媒體有關的議題早已在媒體研究中廣為人知。例如，桑斯坦（Cass Sunstein, 2001）分析了與個人化（personalization）、破碎化（fragmentation）和兩極化（polarization）有關的議題；而帕理澤（Eli Pariser, 2011）認為，個人化創造了一種限制我們視野的過濾泡泡。而現在，社群媒體與人工智慧的結合加劇了這些傾向。有人從訊息泡泡與同溫層效應的角度來表述這個議題（參見例如Niyazov, 2019）：個人化的演算法以人們有可能參與的訊息來餵養他們，其結果是人們被隔離在泡泡之中，在這些泡泡之中他們自身的信念得到強化，並且不會接觸到反對的觀點。這使得古丁（2003）所設想的政治想像力變得更加困難：它似乎阻礙而非促進政治之移情形式。政治的兩極化在此更加嚴重，它使得共識與集體行動都變得不可能，而導致一種社會破碎化與分崩離析的風險。社群媒體被認為問題尤為嚴重，雖然出版品、電視和廣播也有著它們自身的同溫層效應，但它們仍然「行使一定程度的編輯控制（editorial control）」（Diamond, 2019: 22）；在社群媒體的同溫層效應中則缺乏了這一點，從而導致了兩極化與仇恨語言。

如果你想要按照哈伯瑪斯的方式來進行一種理性、以共識為導向的辯論，這就會造成問題；但是若人們無法接觸相反觀點，爭勝式民主形式便難以實現。艾巴馬威（Mostafa M. El-Bermawy, 2016）曾主張，地球村已經被「日漸疏遠的數位孤島所取代」，隔離正逐漸增長。在Facebook上，我們主要消費與我們觀點相似的政治內容，這樣一來，我們就會漸漸地變成以管窺天。阮氏（C. Thi Nguyen, 2020）區分了認知泡泡（epistemic bubbles）和同溫層效應，前者（通常是無意地）把相關的聲音排除在外；後者則是一種持續地主動排除其他相關聲音的結構，並且在這種結構之中，人們開始不相信所有的外部來源。例如，搜尋引擎可能會透過它們運作的方式把用戶困在過濾泡泡與同溫層之中，威脅著多樣性，進而威脅著民主（Granka, 2010）。這無疑是一種風險，儘管實證資料發現，社群媒體也讓用戶曝露在相對的觀點之中，並且只有一小部分的用戶會刻意尋求同溫層式的輿論環境（Puschmann, 2018）。社群媒體讓人們得以發表那些在主流媒體上會被審查排除掉的觀點，在這個意義上，至少還存在著一種意見多樣性的機會。

然而，根據審議式的民主理念，民主不只是關於交換意見，更是對短暫關注的超越。例如，審議式的民主理念是關於理性之公共使用，並包括思慮該如何在一段更長的時間裡共同生活，以及關於承諾的問題。本哈比（Seyla Benhabib）（在約根森〔Wahl-Jorgensen〕二〇〇八年的採訪中）反對把民主化約為透過網路來「不受拘束地交換意見」，也反對忽視了長期的「行動承諾」（action commitments）（965）的觀點，像是把你的部分收入捐給社群。人工智慧也可能威脅著由哈伯瑪斯、鄂蘭與其他人所設想的溝通理性（communicative rationality）與公共領域，根據本哈比的看法，「要把這兩者之間的互動給概念化——一方面是這些溝通、訊息和輿論建構的網絡，另一方面是在決策性表達方面上的公共表達」是一種挑戰（964）。

從知識的面向來闡述的話，人們可以主張，同溫層效應威脅著民主的知識論基礎——至少根據審議式民主、參與式民主和共和主義式民主的解釋來說是如此。如同金基德與道格拉斯（Dave Kinkead & David M. Douglas, 2020）所提出的問題：從盧梭與彌爾到哈伯瑪斯、古丁和埃斯特倫德等政治思想家們都相信民主的認知力量、德性以及證成，因為自由的公共辯論允許我們追尋真相、分享並討論多元觀點（121）。然而，與大數據分析相結合的社群媒體，改變了政治溝通的本質：與其透過廣播讓自己的觀點曝露在公共討論與檢視之下，現在可以透過廣播向世界各地的許多人發送極具針對性的信息，「在全球範圍內窄播（narrowcast）政治信息」（129）。這產生了認知上的影響：

對於民主的知識論德性的一個風險是，封閉的社群網絡佔據了公共空間，使之成為私人領域。一旦成為私人領域，並且只在相似的人們之間進行分享，那麼隨著思想不再受到多元觀點的挑戰，政治論述就失去了一些它在知識論上的強健性。（127）

此外，在私人談話中，更容易使用操控的手段，卻不被參與者所發覺（127-8）。也再次考慮一下彌爾的觀點，即在一個開放的思想市場上，將浮現更好的想法和真理——但現在這種開放性受到同溫層效應、過濾泡泡和窄播的威脅。

更一般地說，人們能夠主張，這種公共領域的私有化，從一種民主的角度來看是大有問題的，因為民主需要一種**公共**領域，政治是關於公共事務，而這類同溫層效應現象卻危及了這一點。但是，公共領域究竟是什麼？從當前的數位科技來看，「公共」又是什麼？當人們在社群媒體上分享他們最為私密的想法與感受時，那個公私領域的區分看來顯得過時，並且基於身分認同的科技與政治，也為這種區分帶來壓力。儘管如此，基於由審議式民主理論所提供的理由，保留並捍衛一種「公共」的概念還是有益的。此外，人們還可以指出集體的問題需要集體的解方。庫德瑞、萊文斯頓（Sonia Livingstone）與馬爾侃（Tim Markham）（2007）寫道，正如公民身分不僅是一種生活方式的選擇，公共議題與政治「涉及的也不只是『社會歸屬』或是身分認同的表達而已〔再另見，反對認同政治的論點〕」。儘管後現代主義思想家樂見公共／私人之區分的崩潰，但在該區分中仍存在一些關鍵的問題」(6)。他們主張，民主需要對一些公共問題有一個概念，並且這些問題需要一種共同的定義與集體的解方。但是科技不會讓區分公共與私人問題那麼容易。甚且，政治批評可能常常被排除在稱之為「政治」的公共領域之外，而發生在諸如藝術以及理所當然的社群媒體等其他領域中，這些領域可能是、也可能不是公開的，或是只在某些層面上是公開的。

一個相關的問題是民粹主義，它可以以各種方式與人工智慧聯繫在一起。例如，民粹主義的政客使用人工智慧來分析有關選民偏好的數據。但是，雖然在一個民主社會中政治人物們知道公民們想要什麼是件好事，但這種人工智慧的使用「可能會變成蠱惑人心的眾人訴求，而不是例如由美國開國元勳等人所設想的理性審議過程」（Niyazov, 2019）。有些理論家對於民粹主義抱持著比較正面的態度，根據拉克勞（Ernesto Laclau, 2005）的看法，民粹主義不只是一種本體式的經驗現實（一種特殊的政治類型），更是政治的同義詞；它是關於政治的（the political）本身。他看見一種重新啟動政治計畫的可能性，但是在此所考量的大多數理論，以及諸如佔領（Occupy）等社會運動，都與民粹主義保持距離。無論如何，在社群媒體之中我們看見對來自非菁英們的評論的推崇與美化，以及對於專家知識的不屑一顧（Moffitt, 2016），這被稱之為「知識論的民粹主義」（epistemological populism）（Saurette and Gunster, 2011）。莫菲特（Benjamin Moffitt, 2016）看到了這點的積極面，例如揭露腐敗，但也指出了同溫層效應的問題——社群媒體會助長民粹主義的散播，加劇意識型態的分裂，並且偏好病毒式傳播和即時性，甚於討論與理解的政治性。雖然社群媒體不必然是由人工智慧所驅動，但是人工智慧可以在這點上以過濾並管制訊息的方式，並以機器人的形式來發揮作用，來影響政治溝通並可能影響選民們的偏好。這可能會給社會帶來一位自稱體現人民意志、將其個人執念轉化為國家意志的威權主義領袖。透過社群媒體，人工智慧得以促進這種民粹主義的興起，並最終促進威權主義的興起。

更多的問題：操控、取代、課責和權力

人工智慧可以用來操控人們。我已提到過助推的可能性，它影響了決策（參見第二章）。就像其他數位科技一樣，它甚至可以被用來塑造人類的經驗和思想。如同拉尼爾（Jaron Lanier, 2010）以科技專家的名義所說的那樣：「我們是透過對你的認知經驗的直接操控來擺弄你的哲思，而不是間接地透過論證來那麼做。只需要一小群的工程師，就能以驚人的速度創造出能夠塑造人類經驗之整體未來的科技」（7）。在代議民主制與其投票程序的脈絡下，人工智慧與其他數位科技可以透過個人化的廣告等方式來對選民助推，使其朝向支持某個特定政治人物或是政黨。尼亞佐夫（Sukhayl Niyazov, 2019）主張說，這可能會導致少數派（搖擺選民）之暴政。一個涉及操控民眾的知名案例便是劍橋分析（參見第二章），該公司在未經Facebook用戶許可之下，收割用戶們的私人數據。據稱，那些數據旋即被用於影響政治程序的目的之上，如川普於二〇一六年的總統競選活動。把貝淡寧（2016）對於政治領導力的標準銘記於心，人工智慧的操控性使用可能也反映出一種遠離了智力、社交技巧和德行的轉變。據他的看法，如果人工智慧真的要去接管政治領導權的話，其是否真能具備所需的智識能力、社交技巧和德行，是啟人疑竇的。

用人工智慧來取代人類的領導，無論如何都是危險且反民主的。這個危險不只在於一個接管了的人工智慧可能會摧毀人類，還在於它的統治，或它所聲稱的統治理由——**為了人類的最大利益**。這是一種科幻小說的經典路數（例如電影《機械公敵》〔*I, Robot*〕或是阿瑟爾〔Neal Asher〕的系列小說《政體》〔*Polity*〕），也是所有民主理想的危險所在：它摧毀了自由民主，因為它摧毀了作為公民自主的自由，並且到最後，如同達姆賈諾薇奇（Ivana Damnjanović, 2015）曾說過的，它也從我們身上奪去了政治本身。只有對柏拉圖進行一種非常特殊的詮釋才可能會去支持這種場景，在這種詮釋之中，人工智慧會充當一位人造的哲學家皇帝（這或許與一種旨在實現人類整體效益極大化的當代效益主義論點相符，或是與一種旨在實現人類的生存與和平的霍布斯式論點相符），國家之船的船長或是舵手（*kybernetes*）屆時變成了一種自動輔助駕駛。也許，它甚至可以為人類整體和地球進行導航。這種願景，理所當然地受到我們在此所考量的所有的民主理論的批判。而這類人工智慧是否將會擁有**實際上的**權威，則尚屬未知，不論擁有這一類的人工智慧權威是對是錯、是公正或不義。

由技術哲學的角度來看，這類場景和討論顯示了人工智慧不只是一種科技而已，更總是與道德和政治的可能性聯繫在一塊。其展現了人工智慧的非工具性：

人工智慧不只是政治的工具而已，還改變了政治本身。此外，即使人工智慧是在民主的框架內來使用，在根據人工智慧的建議來做決策時，也都存在著課責性（accountability）與正當性的問題，尤其是如果這些決策做出的方法並不透明的話，或是如果在這個過程中有偏見被引入或是再現的話。一個著名的案例是，人工智慧協助美國法官處理刑事判決、假釋和社會服務的資格等等事項（參見在第三章中提到的COMPAS案例）。對一個民主體制來說，公共課責是至關重要的：對公民們做出決策的公職人員應該要承擔責任，而如果他們高度依賴人工智慧來做出決策，並且如果人工智慧達成其決策的方式既不透明也不中性的話，那麼要如何維持這種公共課責就會是個問題。正當性也很重要，因為如同在第二章末尾所提到的，人們可以把平等看作是民主的一個條件。從這個角度來看，如果我們受到一個被壟斷的科技產業所控制的話，這個產業控制了數據及其流動，從而最終控制人民，這也是非常有問題的。尼米茲（Paul Nemitz, 2018）對當今數位權力的集中進行批判，他主張，由人工智慧所帶來的挑戰不能只靠人工智慧倫理來處置，而是需要透過一種由民主程序所產生的、具有強制力並且正當的規則來處理。他呼籲建立一種民主的人工智慧文化。

當涉及到假新聞和虛假訊息的時候，科技巨擘的權力也帶來了問題。雖然假新聞——以新聞來呈現的虛假或是誤導性訊息——也被用在對數位媒體科技進行技術決定論的、過度悲觀的批判（Farkas and Schou, 2018: 302），但這些現象也對民主構成了一種嚴重的政治問題。什麼算是「假新聞」，由誰來決定的？諸如Twitter和Facebook的社群媒體公司是否應該成為審查者？那些決定什麼內容是允許的、什麼是不被允許的人，難道不該由一個民選的實體來擔任嗎？若是如此，它們該如何處理這個問題呢？如前所述，網路公司使用內容審查系統——讀作：言論審查制度（censorship）。考量到目前社群媒體平台的規模以及較短的時間窗口，這種部分或是完全自動化的內容審查系統似乎是不可避免的。但是它意味著，公共言論的規則們（以及什麼算作是事實與真相的規則）都是由一小搓的矽谷菁英團體所制定的。這等同於一種隱蔽的治理類型，遠離了民主機構的公開注目。再一次，缺乏透明度與課責性。要如何處理有關正義的複雜議題，當前也還不清楚；甚至存在著一種這些議題被去政治化的風險（Gorwa, Binns, and Katzenbach, 2020）。此外，演算法可能會讓仇恨言論更加猖獗，但也可能限制用戶近用這類內容和表達這類意見的自由。目前尚不清楚用戶的權利是否得到充分的保障；由演算法來進行的言論管制也並不必然反映了社會的取捨。確保權力是以社會多數的利益來行使的制衡機制仍然缺乏（Elkin-Koren, 2020）。在涉及有效處理這些議題——以及所有其他複雜的政治議題時，人工智慧的能力有限。此外，從一種馬克思式的觀點來看，可以說言論自由本身已然是一種商品了，在數位經濟中被轉化成經濟價值的某種東西。那在這個脈絡之下，政治自由和政治參與意味著什麼呢？是誰來界定進行公共討論的條件？一小撮有權力的行動者們制定了條款和條件——所謂的用戶「協議」，即用戶們同意由像是Facebook或是Twitter等平台所設定的條款，並非民主章程，而是命令。這個議題再次強調了，人工智慧不只是落在把玩一種特定政治遊戲的人類手中，作為一種政治上中性的工具來運作而已；而且還轉化了遊戲本身，改變了政治得以進行的條件。人工智慧調和並塑造了民主本身。尼亞佐夫（2019）相信，開放社會得以應對關於民主和平等的挑戰，因為它們提供了批判性思考的渠道；但要是開放社會被轉變成了另一種東西，某種更加不透明、更加敵視批判性思考的東西呢？

同樣要注意的是，在民主體制中，須要在不同的政治價值之間做出艱難的權衡，例如自由與平等。正如我們在第二章中所看到的，托克維爾看見了它們之間存在著根本的緊張關係，他擔心過多的平等會削弱對個人自由和少數權利的保障，可能導致暴政。另一方面，盧梭則認為，民主和真正的自由需要政治和道德平等，而這需要最低限度的社會與經濟品質。如今，在政治理論中關於平等的辯論仍在持續進行，例如對於皮凱提著作的回應。在第三章中，我們已經看到人工智慧能夠以各種方式來影響平等。民主體制的成功與正當性還取決於是否能夠協商並均衡不同的政治原則，而這些不同的政治原則與價值實現，卻可能早就受到人工智慧的一種不透明、非公開方式的影響。舉例來說，如果民主要求道德平等，正如盧梭所主張的那樣，那麼這就已經是一個基於這些依據來減少社會不平等的充分理由了，不管其他價值如何。如果人工智慧增加了不平等的話，例如因為它導致了失業或是增加偏見，那麼根據這種推理，這會是不民主的，因為它增加了**道德與政治上**的不平等。然而，民主也需要高舉自由，例如包括一種充分程度的消極自由。如果物品的重分配導致了較少的消極自由的話，那麼人們就必須在自由與平等之間找尋一個可以接受的平衡點。而一旦我們考量到各種正義的概念，這些概念本身可能不總是以平等本身為目標，而是例如以（現在的或是過去的）劣勢群體的優先待遇為目標，那麼這種平衡的方式就會變得更加困難。因此，對於為什麼人工智慧是不民主的證成，可能就不得不倚賴於像是平等和正義等其他的、彼此之間也可能存在著矛盾的價值。在關於人工智慧與其他方面的討論背景之下，訴諸民主是無法迴避有關於這類協商與平衡方式的政治難題的。

總結來說，我們在這裡看到的不僅是，人工智慧可以被用作為直接破壞民主的工具，它還會產生預期之外的副作用，諸如使得作為審議的民主理念更難以實現、強化民粹主義、威脅公共課責性、以及加劇權力之集中。此外，有關人工智慧的政策，必須去平衡彼此不同的、暗藏著衝突的政治價值。

人工智慧與極權主義的起源：鄂蘭的教誨

人工智慧與極權主義

民主，也可以從之於威權主義和極權主義的對比來進行定義。後者不只是威權主義式的，更透過一種強大的中央權力來嚴重違反迄今為止在任何意義上的民主（投票、公民參與、多元主義與多樣性等等），而且還深度干預著其公民們的公共與私人生活。它的特徵是政治壓迫、言論審查、大規模監控、國家恐怖主義，以及政治自由的完全缺乏。極權主義政體的歷史案例包括了，在希特勒（Adolf Hitler）領導之下的納粹政權、在史達林（Joseph Stalin）領導之下的蘇聯、在毛澤東領導之下的共產主義中國，以及在墨索里尼（Benito Mussolini）領導之下的法西斯義大利。今日，數位科技為監控與操控提供了新的手段，它可以支持或是導致極權主義。人工智慧是這些科技的其中之一，它不僅能協助威權主義的統治者及其支持者來進行選舉舞弊、散播虛假訊息、控制並鎮壓反對派；它還可以協助創建一種特殊的監控與控制類型：**全面**監控和**全面**控制。布魯姆（2019）警告說，「極權主義4.0」的威脅將導致一種「每個人都被完全分析和計算的處境。他們的一舉一動都受到監控，他們的每一個偏好都被得知，他們的全部生活都被計算，並且變得可以預測」（vii）。而如果藉由人工智慧的監控手段可以掌握每個人的情況，那麼就可以主張，人工智慧比我們更了解我們自己。這便開啟了通往家父長主義（第二章）以及威權主義的道路。如同麥卡錫—瓊斯（Simon McCarthy-Jones, 2020）所言：

> 個人主義式的西方社會是建立在這樣的想法之上，即沒有人比我們更了解我們的想法、慾望或是快樂……而人工智慧將改變這一點，它將比我們更了解我們自己。擁有人工智慧的政府，可以聲稱它知道其人民真正想要的是什麼。

麥卡錫—瓊斯把這種想法，與發生在史達林的蘇聯與毛澤東的中國的事情進行了比較。人工智慧使得一種數位版本的「老大哥」得以可能，在其中，每位公民都受到「電幕」（telescreens）的監控。在今日這聽起來很耳熟，尤其是在具有威權主義和極權主義傾向的國家中，但不限於此。關於科技，國家以人工智慧與數據科學來進行大規模監控的嘗試，幾乎能夠暢行無阻。想想中國的社會信用評分系統，其便以個人留下的數位足跡為基礎。國家使用著由監控攝影機所捕捉到的影像、臉部辨識軟體、語音辨識、以及來自像是阿里巴巴與百度等科技公司的私人數據。戴蒙（2019: 23）稱此為一種「後現代極權主義」（postmodern totalitarianism）的形式。

然而，人工智慧不只被用來支持國家極權主義，它也使得一種企業極權主義得以可能。再次考慮祖博夫關於我們生活在「監控資本主義」（Zuboff, 2015; 2019）之下的主張：一種資本積累的新邏輯，它監控並修改人類的行為。與其說是「老大哥」，祖博夫（2015）談到「巨大的他者」（Big Other）：我們面對的不是集中化的國家控制，而是「一種無所不在、網絡化的制度政體，它記錄、修改、並把日常經驗給商品化，從烤麵包機到身體，從溝通到思想，所有的這些都是為了建立通向貨幣化與利潤的新途徑」（81）。透過社群媒體，這種情況可能已經在一定的程度上發生了，但是隨著「事物的網絡」和相關的科技把我們的家、工作場所和城市轉型成智慧環境，我們也可以很輕易地想像，這些地方，可能會逐漸變成一個每件事情都是發生在包括人工智慧的電子科技的密切監視之下的地方。而人工智慧不只觀察我們，還對我們的行為做出預測。因此，人工智慧與數據科學可能會成為新形態的極權主義的工具，其中人工智慧比我們——**甚至先於我們**——更了解我們。正如哈拉瑞在接受《*WIRED*》的訪問時（Thompson, Harari, and Harris, 2018）所說的那樣，人類的感受與人類的選擇不再是一個神聖的領域了。人類現在可以被完全操控：「我們現在是能被傷駭（hackable）的動物了」。這開啟了將我們帶向暴政的可能，不只來自政府，更來自企業。透過人工智慧與相關科技來獲取的知識，可以用來操控並控制我們。

因此，科技有可能成為——借用鄂蘭（2017）的用語——**極權主義的起源**之一。從民主到極權主義的轉換，並不（只是）因為一位元首（*Führer*）或是主席上台接管並公開摧毀民主，例如透過一場革命或政變的手段；這個過程毋寧是不那麼明顯的，也比較緩慢，但是效果卻絲毫不減。透過人工智慧與其他電子科技的手段，權力平衡正緩慢地落入少數有權勢的行動者手中——無論是在政府或是在企業裡——當然也遠離了人民，如果他們原本擁有權力的話。如此一來，人工智慧就不只是一項工具而已，它更是遊戲規則的改變者。當它被用於政治領域時，它也會改變那個領域，例如當它有助於為極權主義創造一種動力時。

然而，科技不是危及民主的唯一因素，而其影響力當然也不會脫離它所運作和所倚之人文與社會環境。人工智慧不能也不應該單獨承擔在此所指出的危難。人類與社會環境，以及它們與科技互動的方式，至少同樣重要。為了了解這點，我們須要從那些分析歷史上的威權主義和極權主義實例的人們身上學取教訓，他們想知道民主政體是如何惡化成與之截然相反的東西；他們從規範性觀點出發，認為過去發生的事情，不應該再次發生。在前一個世紀裡，許多知識分子在第二次世界大戰後所提出的正是這些問題，而鄂蘭是其中之一。

鄂蘭論極權主義的起源與平庸之惡

《極權主義的起源》（*The Origins of Totalitarianism*, 2017）最初出版於一九五一年，該書以納粹德國與蘇聯的極權主義為寫作背景；鄂蘭不僅描述了極權主義的具體形式，她還探究了一個即將要成為極權主義的社會的條件是什麼。她主張，如果極權主義的運動，能夠「憑藉著其無與倫比的能力，透過始終如一的謊言來建立和維護虛構的世界」（499）以及他們「對現實之整體結構的蔑視」（xi），成功地建立了一種對於社會的極權主義改造，那是因為早就存在著讓現代社會為此做好準備的條件。她指出，現代人無法生活在他們用愈加強大的權力為自己所創造的世界裡，也無法理解這樣的世界（xi）。她特別強調了孤獨感——「孤立並且缺乏正常的社會關係」（415）——是如何使得人民容易受到各種國族主義的暴力形式的影響，進而被像是希特勒這樣的極權主義領袖所利用。更一般地說，「恐懼只能對彼此相互孤立的人們進行絕對地統治」（623）。再次思索下霍布斯的推論：只有當個體們的生活是「骯髒、野蠻和短暫」（nasty, brutish and short）的時候，當他們相互孤立、彼此競爭的時候，利維坦才能建立其威權統治之利刃。問題並不在於威權主義和極權主義本身，而在於一個更深層的創傷：團結與集體行動的欠缺，以及最終是政治領域本身的毀滅。如同鄂蘭寫道：「孤立，是當人們生活於其中的政治領域、及他們為求一種共同關懷的集體行動，被摧毀的時候，人們會被迫陷入的僵局」（623）。它意味著一個沒有信任的世界，一個「所有人皆無可信賴、所有事物皆無可倚靠」的世界（628）。

如今，當我們考慮到川普主義、假新聞、和（非政府的）恐怖主義的時候，那些讓他們自己及其追隨者們免於「事實性（factuality）的影響」（Arendt, 2017: 549）的運動現象聽起來頗為熟悉，就像談及孤獨與無法理解這個世界一樣。這不只是一個對於那些教育程度較低、或那些被社會所排除的人們的問題，許多川普的支持者們都是中產階級（Rensch, 2019）。而當然，在孤單一人或是沒有朋友的意義上，他們之中並非所有人都是或是曾經是孤獨的，但是他們可以在鄂蘭的意義上被看作是**政治上**孤獨的——缺乏一個團結與信任的世界。雖然，在承認與諸如偏見、剝削和新殖民主義等議題的相關性（參見第三和第五章），以及民粹主義和右翼之政治宣傳和意識型態的作用的同時，人們可以說，在如今的美國，政治孤立和一個缺乏信任的世界，確實有助於為威權主義的興起供給理想的土壤。如果鄂蘭是對的，那麼威權主義和極權主義，與其說是**創建了**一個損壞的社會，不如說是在一個**早已**損壞了的社會構造上生長。從一種鄂蘭式的角度來看，嚴格來說，極權主義不是一場政治運動，而是一場摧毀政治場域本身的運動。它不只是在威權主義的意義上反民主，更是「有組織的孤獨」（Arendt, 2017: 628），是對彼此之間的信任之破壞，是對真理與事實的信念之腐蝕。有鑑於此，我們必須再次詰問一個與科技有關的問題：諸如人工智慧的當代科技，能否以及是否促成了這些條件，而如果是的話，又是如何促成的？

人工智慧當然可以被用來使人們遠離現實或是創造一種扭曲的現實，例如製造先前所提到的認知泡泡，或是直接散播虛假訊息；但是它也可以助長鄂蘭所提及的、給極權主義的那些潛在的社會心理與社會認知的條件。這個論點的其中一個版本可以透過聚焦在字面意義上的孤獨來打造（因此會與鄂蘭的定義有些不同）。根據特爾克（Sherry Turkle）的看法，機器會助長孤獨感，因為它們只會給我們帶來陪伴的假象。在《一起孤獨》（*Alone Together*, 2011）一書中，她寫道，機器人「可以提供一種陪伴的假象，而不需要友誼」（1）。我們被網絡連結著，卻感到「徹底地孤單」（154）。我們可能不再冒險與人類建立友誼，因為我們害怕隨之而來的依賴（66）；我們躲在螢幕之後，即使打電話給其他人也被視為過於直接。然而，要是我們這麼做，我們就錯失了人類的同理心以及對彼此的關照，我們就錯失了回應彼此需求的機會，我們就錯失了真正的友情與愛，並且我們冒著把他人視為物品的風險，利用他們來慰藉或是娛樂自己。這些風險有多大，它們是否是由社群媒體所創造，尚有爭議，特爾克很有可能過於輕視科技所帶來的正面的社會可能性。但是，「一起孤獨」的危險是須要認真對待的——如果鄂蘭是對的，那這種孤獨性就不只是一種個人層次上的悲傷狀態。如果它導致了一種信任與團結的普遍喪失的話，那它就同時是一個**政治**問題，而且是危險的，在它有助於為威權主義創建基礎的意義上。

一旦人工智慧與其它數位科技助長了這些現象，它們也就是政治上有問題的存在。例如，考量一下社群媒體如何製造焦慮並可能導致了部落化（triba-lization）：我們持續受到駭人聽聞的壞新聞的轟炸，並且只相信來自於我們「部落」的訊息（Javanbakht, 2020）。同溫層效應與認知泡泡進一步助長了這種部落化。焦慮加劇了孤獨與分離，而部落化不只可能導致政治極化和公共領域的區配，還可能導致暴力。此外，當鄂蘭（2017: 573-4）主張說納粹集中營以科學控制的方式把人類轉化為純粹的物品時，人們也可以思量，透過人工智慧來進行行為操控的當代形式，可能有著類似的道德影響，只要它們能夠把人們轉變成鄂蘭所謂的「行為反常的」動物（perverted animals），並暴露在駭客的攻擊下。再次思索一下監控資本主義，以及數據竟是如何建立在對人的剝削和操控之上。另外還有更多與在二戰中發生過的暴行相似之處，更一般地說，與極權主義之惡相似的地方。在《私隱即權力》（*Privacy is Power*, 2020）一書中，卡里莎・貝利斯把一個掌握了我們個人數據的當代威權主義政體的場景，與納粹利用登記冊來大規模屠殺猶太人的場景進行了比較。如她所說，「數據搜集可以殺人」（114）。人工智慧與數據科學可以被用於這類目的，而且不那麼明顯地，為這類現象創造條件。

然而，從來都不是科技本身進行著殺戮，或是建立、維持一個極權主義政體。還需要人：特別是服從命令的人，不反抗的人。而這就引領我們朝向鄂蘭的另一本書：《艾希曼耶路撒冷大審紀實》（*Eichmann in Jerusalem*, 2006），本書以其副標題而聞名：「一份關於平庸之惡的報告」。鄂蘭於一九六三年撰文分析了在那之前兩年對阿道夫・艾希曼（Adolf Eichmann）的審判，他是在第二次世界大戰期間在猶太人的大規模屠殺中扮演重要角色的納粹分子。鄂蘭親自見證了那場審判，這份報告引起很大的迴響，鄂蘭沒有把艾希曼看作是怪物或是仇視猶太人的人，而是一位認真對待自己的觀點、奉命行事的人：「只有當他沒有按令行事的時候，他才會良心不安」（25）。在服從命令並遵守納粹德國的法律的意義上，也就是聽從**元首**命令的意義上，他盡了他的「本分」（duty）（135）。不可能有例外（137）；服從是一種「美德」（247）。這份分析有助於鄂蘭探究極權主義起源的計畫：她得出的結論是，服從，而不反抗，是邪惡所涉及的一部分。如果沒有許多像艾希曼一樣「只是」服從命令、追求他們事業的人，納粹德國就不可能犯下罪行跟暴虐。這是極權主義的邪惡、平庸、普通的一面，但同樣也「令人生畏」（252）。對鄂蘭來說，這種服從比起極權主義領袖的心理活動和動機更加重要（278）。然而，她對於總是存在著一些會反抗的人是充滿希望的：「在恐懼的情況下，大多數人會順從，但有些人不會」（233）。

要理解人工智慧與極權主義之間的關係，意味著我們不僅須要關注人們的意圖與動機（可能是好的、壞的——例如，意圖操控他人以奪取權力；或是平庸的——例如，在一間人工智慧公司裡以數據科學家為業），也應該考慮非預期性的後果，以及**只是盡了你的職責**可能會如何促成這些後果。在通常的情況下，偏見不是有意產生的，例如一個特定團隊中的研發人員與數據科學家**無意**增加社會中的偏見，這是很有可能的；但是，在一間大公司或是政府組織內盡其職責，他們所做的卻可能正與此相反。雖然**可能**存在著少數心懷不軌的人（在科技公司或是其他地方），但在一般的情況下並非如此；反而，只是盡你的職責和服從權威就可能導致創造偏見和擴散偏見。從一種鄂蘭式的觀點來看，壞或惡在於不質疑、不思考、只做自己應該做的事，它位處人們在日常生活的科技實踐和相關的階層結構中履行他們的「本分」的平庸性之中。當不順從才能避免一種壞的或是邪惡的結果的時候，邪惡就存在於順從的那一刻；或政治上來說，當抵抗是一件正確的事情時，邪惡就發生在不抵抗的那一刻。

抵抗不僅在極權主義下很重要，在一個民主政體中也很重要。部分而言，不服從的可能性已被載入法律的框架本身。正如赫德布蘭特（2015）所言，「不服從與可爭議性是在一個憲政民主制中的法律的標誌」（10）。在一個法治的民主制度裡，公民們可以對規範及其應用提出質疑。但是人們還可以與鄂蘭站在同一立場，並更具爭議地進一步說，**無論**一條（法院的）法律怎麼規定，抵抗在道德和政治的基礎上都是合理且必要的。無論如何，鄂蘭的論點，即盲目遵守規則和命令是非常危險並且是道德上有問題的這個論點，也適用於民主體制之中。

一個相關的論點指向了缺乏**思考**。受到《艾希曼耶路撒冷大審紀實》的啟發，麥奎倫（Dan McQuillan, 2019）認為，由於人工智慧為人們提供「風險的經驗性排序，其推導方式是人們無從質疑的」，該科技因此「鼓勵了在漢娜・鄂蘭所描繪的意義上的欠缺思考（thoughtlessness）：無法批評指令、缺乏對後果的省思、一心相信正在執行一個正確的命令」（165）。一種由人工智慧所倡導的統計方法的危險還在於，只要它是以歷史數據為基礎，我們就會得到更多相同的東西，我們將仍然停滯在舊的狀態裡。在《人的條件》（*The Human Condition*, 1958）中，鄂蘭寫道：

> 新事物總是在與統計規律及其機率的壓倒性優勢背道而馳的情況下發生，而統計規律及其機率對於所有實用的日常目的來說都相當於確定性；因此，新事物總是以一種奇蹟的外貌來出現。人們能夠行動的這個事實意味著，可以在他那裡期待著意想不到的事情，即他能夠去展現極其不可能的事情。（178）

雖然麥奎倫看待人工智慧的方式聽起來過於決定論，似乎冒著不必要的風險假定在人類與科技之間存在著一種嚴格的對立（人類也扮演著一個角色），但是人工智慧的特定用途——也就是，人工智慧與人類的特定組合——卻存在著一個極大危險，即這有助於形成極權主義得以發展茁壯的條件。

關於條件的這一點很重要。為了避免人工智慧極權主義（並且去維護民主），僅僅指出在科技公司和政府組織中關於人的責任，並說他們應該改進科技之設計、數據等等，這是不夠的。還有必要提出這樣的問題：可以創造什麼樣的社會環境來支持人們履行這個責任，並讓他們更容易去質疑、批評，甚至當抵抗顯然是正確之事的時候，進行抵抗？可以如何阻止如前所述的從民主到極權主義的轉變，並從中設置哪些障礙？我們又該如何創建**民主**得以蓬勃發展的條件？

當然，這些問題的答案取決於民主（與政治）的理想。在本章中，我已經概述了其中的一些理想以及它們之間的緊張關係，但是仍需更多的工作來挖掘出使民主得以運作的條件。在這方面，哲學與科學（以及藝術！）可以展開合作。例如，受到米桑與里茨（Markus Miessen & Zoe Ritts, 2019）關於右翼民粹主義之空間政治的論文集的啟發，我們可以詰問關於民主的空間和物質條件。什麼樣的空間會有利於民主審議？而人工智慧又能製造出哪種空間？人工智慧如何可能從字面上和隱喻上創建給民主的良好結構？我們需要什麼樣的**市集**和公共空間，不僅是概念上，更是非常具體的、物質的和空間的？政治的和社會的（the political and the social），以及物質的技術物（material artifacts），兩者之間的關係又是什麼？例如我曾在其他地方（Coeckelbergh, 2009a）問到，談及「技術物之政治」（politics of artifacts）會意味著什麼：我質疑了鄂蘭在《人的條件》中以人類為中心的政體定義，該定義假定了在人與技術物之間的嚴格區別，但是強調了政治事件的重要性（在她序言中提到了人造衛星的發射），並且拾回這樣的一個想法，即對一個公共領域來說，我們需要一個把我們聚集在一起的共同世界，或許在某種程度上包括了一個「事物之共同體」（community of things）（Arendt, 1958: 52-5）。在第六章，我將進一步討論在政治領域中納入非人類的想法，以及混雜性（hybridity）在政治中的角色。更一般地說，我們須要知道更多關於一方面是政治與社會的，另一方面是知識、空間和物質科技，雙方之間的確切關係。我們須要依據新的科技與科技環境來思索民主的條件以及公共領域的建設。

政治哲學與技術哲學可以為這個計畫進行貢獻的其中一種方式是，把權力以及——較不被理解的——它與科技的關係，給概念化。如果我們想更加理解我們正在共同做的是什麼，以及在像是在人工智慧等科技的影響下（不只是危機，也是轉機）我們**可以**一起做些什麼的話，我們就須要理解權力是如何運作的，以及它如何連結了知識與科技。這是下一章的主題。

#權力

經由數據的監控與（自我）規訓

導言：權力作為政治哲學中的一個主題

談論政治的一種方式是去使用權力這一個概念。權力常常被視為負面的，或代表事物真實的樣貌，相對於理想的樣貌。例如，權力被用來回應那些捍衛自由民主的審議式和參與式理想。再次考量杜威的參與式民主理念，批評者主張，這個理想過於天真，因為它對衝突與權力避而不談，特別是它被認為對於一般公民明智地進行判斷與行動的能力、以及達成共識的機會過於樂觀，從而忽視了希爾追斯（R.W. Hildreth, 2009）所謂的「人性之中的黑暗力量，包括了對於權力的渴望，以及為了自身的利益而去操控社會關係的意願」（781）。在杜威不久之後，米爾斯（Wright Mills）在《權力菁英》（*The Power Elite*, 1956）一書中寫道，美國社會是由在企業、軍隊和政府內的人們所統治著，這些人「掌控著現代社會的主要階層與組織」（4），並能夠近用其中富含的權力與財富。米爾斯所看到的，不是像參與式民主的捍衛者想像的事情所應該運作的那樣，公民們「受到多元的自願性協會的把關來負責任，這些協會把辯論公共事務與決策前鋒連結起來」，而是一個由菁英運作的一種「組織性的不負權責的體系」（361）。杜威所想像的公共問題的解決方式在大範圍內是行不通的。政治須要爭奪權力，並不能以解決問題的科學模型為範本。杜威錯誤地忽視了權力是如何在社會中進行分配的，以及社會會是如何地嚴重分裂。正如我們在前一章中所看到的，這種批判也與慕芙和洪席耶的觀點是一致的，只不過他們提議把權力當作非共識和競勝主義（agonism）來進行檢視。而馬克思主義質疑在社會階級之間的權力分配，強調資本（capital）是如何賦予權力給那些擁有資本的人們。在這兩種情況下，權力與鬥爭是聯繫在一起的，而鬥爭可以在特定情境下以一種具生產力的方式來使用。

另一個與人工智慧直接相關的、權力對立於理想的案例是，權力對立於作為同意的自由（freedom as consent）。在美國和歐洲，點選同意特定網路平台的服務條款——包括了它的數據處理政策，進而同意人工智慧的工作方式——就意味著保護消費者的權利，包括他們的自由。然而，如同比蒂（Elettra Bietti, 2020）所主張的，這種管制措施未能解釋這些個人同意的行動發生時，它們所處的不義背景條件和權力結構。如果權力失衡正在「塑造那個做出一個同意的決定的環境」的話，那麼同意就是「一個空洞的杜撰」（315）。另外權力也被視為是對真理的威脅（Lukes, 2019），具有潛在的欺騙性；權力可以用於脅迫，例如在一個極權主義國家的脈絡下，但是它也可以採取各種形式的操控，這威脅到推理以及關鍵能力的發展，當你持續處於一種競爭的環境之中，在其中你無法承擔放慢腳步的後果，思考也就變得困難。於是權力屆時將被視為是思考的敵人。

然而，權力不必然是一件壞事。傅柯提出了一種具有影響力、可以說是更加複雜的權力觀點。受到尼采（Friedrich Wilhelm Nietzsche）的啟發，傅柯（1981: 93-4）從權力的角度，特別是力量關係（force relations），來將社會概念化。但是他的觀點與馬克思主義大相逕庭；與其從集中化的主權以及統治者或是菁英的權力角度，由上而下地分析權力，他提議一種由下而上的取徑，亦即從塑造主體、生產特定的身體類型、並且遍布於整個社會的微小權力機制和運作來下手。他分析了在監獄和醫院中這些權力的微觀機制（micro-mechanisms of power）。與其把權力與利維坦的頭部，即在霍布斯思想中的中央威權主義主權彼此相連，傅柯（1980）聚焦在權力的複數性（plurality）與身體之上：聚焦在「由於權力的影響而被形構成邊緣主體的無數身軀」（98），聚焦在權力的「極微小機制」（99）。權力是在社會實體（social body）中施行的，「而不是在它之上來施行」（39）；它是透過社會實體來進行「流動」（119）。此外，傅柯感興趣的是權力如何「深入個體們的內部核心、觸及他們的身體、並把它自身植入他們的行動與態度、他們的論述、學習過程和日常生活之中」（39）。個體們不只是權力的施力點，相反，他們同時施行並接受權力；他們是「權力的載體，而不是權力的應用點」（98）。個體就是權力的結果。

這些不同的權力觀點，對於人工智慧之政治來說意味著什麼？人工智慧是否被那些操控社會關係的人們用來謀取他們的利益，並欺騙我們呢？人工智慧又是如何與傅柯所描述的權力的微觀機制相互作用呢？經由人工智慧，製造出了什麼樣的個體、主體、和身體呢？在本章中，我提出這些問題，並且把權力的政治與社會理論應用在人工智慧上。首先，我將使用由薩塔羅夫（Faridun Sattarov）所發展的一個關於權力與科技的一般性概念框架，用來區分人工智慧可以影響權力的各種方式。然後，我將借鑑三種權力的理論來闡述人工智慧與權力之間的某些關係：馬克思主義與批判理論，傅柯與巴特勒，以及我在自己的作品中所提出的一種以展演為取向的取徑。由此將導向一個我將稱之為「人造權力」（artificial power）的結論（這是本書最一開始的書名）。

權力與人工智慧：邁向一般性的概念框架

政治和科技之間的關係現已成為在當代技術哲學中一個眾所周知的主題。考量一下溫納（1980）的研究，它顯示說科技能夠產生非預期性的政治後果，而芬柏格（1991）的技術批判理論（critical theory of technology）不僅受到馬克思和批判理論（特別是馬庫色）的啟發，而且也是以經驗為取向的。然而，雖然在例如文化研究、性別研究、後人類主義等其他領域中存在著對於**權力**的濃厚興趣，但是在技術哲學裡，對於這個主題卻鮮少存在系統性的哲學處理與概述。在計算機倫理（ethics of computing）中，存在著關於演算法權力的研究（Lash, 2007; Yeung, 2016），但是幾十年來，一直缺乏一個系統性的框架來思考權力與科技。薩塔羅夫的《權力與科技》（*Power and Technology*, 2019）是一個例外，該書區分了不同的權力概念，並把這些概念應用於科技之上。雖然他的貢獻主要朝向技術倫理（technology ethics），而不是技術之政治哲學（political philosophy of technology），但這對於分析人工智慧和權力之間的關係這件事很有幫助。

薩塔羅夫區分了四種不同的權力概念。第一種概念他稱之為**插曲式**（episodic）權力概念，是關於一位行動者透過像是引誘、強迫、或操控等手段來對另一個人行使權力的關係。第二種概念把權力定義為一種**處置**（disposition）：作為一種才能、能力、或是潛力。第三種概念是系統性概念，把權力理解為社會和政治**體制**的一種屬性。第四種概念把權力視作，**構成或是生產**社會行動者他們本身（Sattarov, 2019: 100）。後面兩種概念因此更具結構性，而前面兩種概念則是關於行動者與他們的行動（13）。

沿著薩塔羅夫的分析，我們可以把這些不同的權力概念映射到權力與科技之間的關係上。首先，科技可以（協助）引誘、脅迫、或是操縱人們，並也可以用來行使權威。我們也可以說，這種權力被委託給了科技，或是——借用在技術後現象學（postphenomenology of technology）中常被使用的一個概念——即科技會「居中斡旋」（mediate）。舉例來說，網路廣告可以引誘用戶拜訪某個網站，減速丘可以迫使駕駛者減速，而科技也可以進行操控。科技可以「助推」：它可以改變選擇的結構，好讓人們在沒有意識到它的情況下採取特定行為（另見第二章）。其次，科技可以賦予人們權力，在它提升他們的能力與行動潛能的意義上；它可以**賦**權。這對於普遍人類來說也是如此，正如約納斯（Hans Jonas, 1984）所說的：科技已賦予了人類巨大的權力。考慮一下人類世（Anthropocene）的概念：人類作為一個整體已經變成一種地質力量（Crutzen, 2006），它已經獲得了一種超級能動性，轉變了整個地球表面（也參見下一章）。其三，當涉及系統性權力的時候，我們可以看到科技是如何支持特定的系統與意識形態。例如，從一個馬克思式觀點來看，科技支持著資本主義的進展。這裡的權力並不是關於個人所做的行為，而毋寧是鑲嵌在一個特定的政治、文化、或是社會系統中的權力，而科技對此做出了貢獻。例如，大眾媒體塑造公眾意見。對於社群媒體來說也是如此，它可以支持一種特定的政經體系（例如，資本主義）。最後，如果權力不只是某種由個人來擁有或行使的東西，且也不只是應用在個人身上的東西，而是如傅柯曾說過的，是主體、自我、身分認同的構成的話，那麼科技可以被用來建構這類主體、自我，和身分認同。通常，科技研發者和用戶們無意這麼做，但是它仍然有可能發生。例如，社群媒體可以形塑你的身分認同，即使你沒有意識到這一點。

那麼，這對於思考權力與人工智慧來說，意味著什麼呢？

首先，人工智慧可以引誘、強迫、或是操控，例如經由社群媒體和推薦系統。就像普遍的演算法一樣（Sattarov, 2019: 100），人工智慧可以被設計來改變使用者的態度與行為。在不使用強制力的情況下，它可以透過引誘和操縱人們來發揮「說服科技」（persuasive technology）（Fogg, 2003）的作用。諸如Spotify的音樂推薦系統或像是Amazon的網站，透過改變決策的環境來助推人們，操縱他們收聽或是購買的行為（另見前幾章），例如，透過建議有著類似閱讀品味的其他人所購買過的書籍*x*和書籍*y*。Facebook的貼文順序是由演算法來決定的，它可以透過例如「傳染」的過程來影響用戶的感受（Papacharissi, 2015）。個體們依據相似的利益與行為被聚集成群體，這可能會複製社會的刻板印象，並再次肯定舊有的權力結構（Bartoletti, 2020）。動態定價（dynamic pricing）和其他「個人化」技術的手段便利用了個人決策的弱點，包括眾所皆知的偏見，來對人們進行操控（Susser, Roessler, and Nissenbaum, 2019: 12）。與所有形式的操控一樣，在沒有意識到這種影響之下，人們受到影響而以某種方式來行動。正如我們已看到的，這類對個人決策的隱蔽影響威脅了作為個人自主的自由。當這種情況發生時，我們就不再控制著我們的選擇了，甚至不了解這種情況的潛在機制是如何發生。雖然根據現代的自主概念，我們本是或應該是原子式和理性主義式的個體，但這個概念是不足夠的，並且在西方主流哲學內外都受到了批判（例如參見Christman, 2004和Westlund, 2009關於關係性自主〔relational autonomy〕的討論）；即使作為社會和關係性的存在，我們也想要對我們的決定與我們的生活有一定程度的控制，而並不想被操控。就權力而言，上文提到的人工智慧的引誘和操控形式把權力平衡（甚至更多地）轉移給那些搜集、持有我們的數據、並將其貨幣化的人們身上。此外，社會中的特定群體（例如種族主義的群體）可能會嘗試透過操控在社群媒體上的人們來取得權力。

其次，人工智慧可以透過增進人們的個體能力來進行賦權。例如，考慮一下有助於翻譯的自然語言處理，為個體們開啟了新的可能性（同時也帶來了一些問題，例如去技能化以及對隱私的威脅）。但是，人工智慧也增強了對於他者，人類或是非人類，行使權力的可能性，並最終它增強了人類對於自然環境和地球的權力支配。例如搜尋引擎和社群媒體，它們可以把權力賦予那些過去無法近用這般數量和頻寬的訊息的個體們，而這些人可能在傳統媒體中從未有過聲音。但與此同時，那些搜尋引擎以及作為供給方的公司也被賦予了很大的權力：它們形塑訊息的流向，並因此扮演著所謂守門人的角色。此外，這些公司及它們的演算法使用個人化技術：它們「按個人來篩選訊息」，這就引入了人為與科技偏見（Bozdag, 2013: 1）。這種把關的作用和這些偏見，對於民主和多樣性產生了影響（Granka, 2010），正如我們已經在第三章中看到的，就權力而言，人工智慧在此服務於某些人的利益，而不是其他人的利益。在國家的層面上，人工智慧也可以被用來讓監控及其威權主義的用途得以可能，它為政府及它們的情報機構在監控的新工具和能力上提供了權力，從而會導致壓迫甚至是極權主義的加劇。有時，國家和私人公司會聯手提升這些能力，比如在中國和美國。企業的科技部門對公民們的生活瞭若指掌（Couldry and Meijas, 2019: 13）。即使是自由民主國家也正在安裝臉部辨識系統、使用預測性警務、以及在它們的邊境使用人工智慧工具。這裡存在著薩特拉（2020: 4）所謂的，新形態的「演算法治理」（algorithmic governance）將命令「普遍的人類行動」。此外，人工智慧也賦予人類整體權力，這對於像是動物的非人類和自然環境來說造成了影響——在人類世的背景之下，如果人工智慧進一步提升人類干預並改造自然的能力的話，那麼它就進一步支持了一種權力的持續轉移：從非人類到人類的轉移。思考一下有助於從地球中開採自然資源的人工智慧，以及人工智慧科技本身的能源消耗（參見第六章），這也反過來需要自然資源的使用。人工智慧為人類提供權力的這件事，可以在個人層次上是一種賦權；但對非人類的自然界來說，也可能會產生巨大的影響，只要人類開採並改造地球的這種培根式的權力（Baconian powers）不斷增強：科學知識和科技變成被用來控制自然。在下一章，我將詳細說明人工智慧之政治與權力的這些非人類與關於地球的面向。

其三，人工智慧會支持新自由主義版本的資本主義、威權主義、以及其他的系統與意識形態。與人工智慧相關的軟體和硬體系統「形成了更廣泛的社會的、經濟的、與政治的制度現實的一部分」（Sattarov, 2019: 102），而這包括了社會經濟體系和意識形態。這些更大的體系影響了科技的發展，例如透過在人工智慧中創造一個投資環境，而科技也可能有助於維持這些體系。例如，威瑟福德、喬森與斯坦霍夫（2019）主張，人工智慧是一種資本的工具，因此必然涉及了剝削，以及把權力集中在高科技所有者的手中——而他們又集中在像是美國等特定的國家與地區（Nemitz, 2018）。因此，人工智慧不只是科技的，還創造或維持了一種特定的社會秩序，這裡指的是資本主義和新自由主義（neoliberalism）。再次思索一下祖博夫關於監控資本主義的主張：問題不僅在於一項特定的科技是有問題的，人工智慧和大數據有助於創造、維持、和擴大一整個社會經濟體系，在這個體系中，（某些人）透過搜集和兜售（許多人的）數據的科技來進行資本積累，從而剝削人性並將觸角延伸到親密領域之中。甚至，我們的情緒也被監視和貨幣化（McStay, 2018）。同樣的人工智慧科技可以被用來支持極權主義政體，或是用來維持壓迫性的政治體系以及它們相應的敘事和形象（例如一種種族主義的烏托邦），儘管原則上來說人工智慧也可能為民主提供支持的機會——但在很大的程度上，這取決於我們如何看待民主（參見第四章），乃至於政治。

大多數在人工智慧以及人工智慧之政治的研究人員都支持一種民主和公平的編碼方式。有些人相信我們需要很多的限制和監管。雖然有時候人工智慧被故意用來推動種族主義和國族主義的政治，但壓迫性效果並不總是也通常不是有意為之的。然而，如同我們在第三和第四章中所看到的那樣，這裡也存在著有問題的非預期效果。人工智慧可以經由引入對特定個人和群體的偏見，來支持種族主義和新殖民主義的政治文化和體系，或是幫威權主義或是極權主義創造條件。再次思索諾布爾（2018）的論證，即（搜尋）演算法和分類系統可能會「強化壓迫性的社會關係」（1）。這類「演算法壓迫」（4）的一個案例是，Google相簿把非裔美國人標記為「猿猴」和「動物」的案例——一個Google無法真正修正的問題（Simonite, 2018）。然而，人工智慧的某一種特定用途或是結果是否存在著偏見或是不義，並不總是像這個案例一樣地清晰，而還是取決於一個人的正義觀和平等觀（參見第三章）。在任何情況下，決策、思想、行動，和情感也會被故意控制，用以支持一個特定的政治體系。在極權主義的情況下，人工智慧是可以支持系統無限制地深入人們的思想和內心的。

其四，人工智慧可以在自我的構成與主體的形成中發揮作用，即使我們沒有意識到這一點。這裡的重點，不只在於人工智慧可以協助推斷人們的思想和感受的意義上，去操控我們並且在個人層次上對我們深度干預——奠基在像是臉部表情和音樂偏好等可觀察到的行為，來推論他們的內心狀態，而這些行為旋即被監控資本主義用來預測和貨幣化——也在於人工智慧有助於塑造我們如何理解並感受我們自己。雖然盧芙瓦（Antoinette Rouvroy, 2013）所謂的「演算法治理性」（algorithmic governmentality）繞過了「任何與人類反思性主體的相遇」（144），使人類無法對於我們自己的信念和自我進行判斷和明確地評價，並導致了個體之間的剝削關係（Stiegler, 2019），但這並不意味著這裡不存在對於我們的自我（知識）的任何影響。人工智慧有助於創造什麼樣的自我感知和知識呢？例如，我們是否開始把我們自己理解為待售數據的生產者和搜集者呢？我們是否量化了我們自己和我們的生活，當我們追蹤我們自己並被他人所追蹤的時候？我們是否認為我們擁有「數據替身」（data doubles）（Lyon, 2014）或我們自身的數位模型——即使人工智慧並不儲存用戶的數位模型呢（Matzner, 2019）？我們是否獲得並傳達了一種網絡化意義上的自我呢（Papacharissi, 2011）？人工智慧使得什麼樣的身分認同和主體性得以可能呢？

提出這類問題，便超越了一種對於人類與科技之間關係的工具性理解。自我和人類的主體性，並不自外於諸如人工智慧的資訊科技，相反地，「數位科技對於人類主體性本身做了一些事」（Matzner, 2019: 109）。人工智慧科技持續影響我們感知世界和在世界上行動的方式，從而產生了新形態的主體性（118）。許多不同型態的主體性與人工智慧相連著，例如，根據我們的主體性類型以及我們所屬的社群類型，我們將對於一種特定的、以人工智慧為基礎的安全系統做出不同的反應。如果某個人無法被系統所辨識，那麼基於這個人以往的經歷以及在一個特定脈絡下的緊張關係（例如，種族主義曾影響了特定的人和社群），可能會被另一個人視為威脅；而來自另一個背景的另一個人卻可能比較沒有這個問題。用馬茨那（2019）的話來說：「人工智慧的特定應用以完全不同的方式與先前存在的社會科技情境以及各自的主體形態相連結」（109）。人工智慧科技將使得不同主體性之間的不同關係得以可能，因為我們是處於情境之中的主體。與傅科的觀點一致，這意味著人工智慧的權力不只是關於（由上而下的）操控、能力和系統，它還涉及了由科技所形塑的具體的、情境化的權力經驗與機制。人們也可以說（如同我在本章結尾所做的那樣）：作為活生生的、運動著的、情境化的存在，我們**展演**自我和權力，而人工智慧在這些展演中扮演著一個角色，比如透過共同引導這些展演。

我將專注在三個理論方向，來進一步解析這個思考人工智慧與權力的框架。第一個，也許是顯而易見的，用來建構、理解和評估人工智慧對於權力之衝擊的理論資源是馬克思主義。隨後，我將使用傅柯來進一步闡述人工智慧使我們成為主體的想法，並且發展權力被展演——經由科技而被展演——的這個主張。

馬克思主義：人工智慧作為科技資本主義的一項工具

從一種馬克思主義的角度來看，人工智慧之權力被概念化為對資本主義和特定的社會階級的支持。透過人工智慧，科技巨擘和其他資本家們統治著我們，我們正生活在蘇亞維斯—維拉（Luis Suarez-Villa, 2009）所謂的「科技資本主義」（technocapitalism）的新型態之下：企業在他們「追求權力和利潤」的過程中（2），不僅試圖控制公共領域中的方方面面，也試圖控制我們的生活（再次參見祖博夫關於監控資本主義的論證）。此外，人工智慧還被用來服務資本主義國家與它們的民族主義議程。巴托萊蒂（Ivana Bartoletti, 2020）把人工智慧與核能進行比較：人工智慧將被用於新一輪的國際軍備競賽。人們還可以補充，人工智慧與核能的相似之處在於——至少根據這種說法是如此——經由人工智慧，權力從一個中心位置由上而下地以一種非民主的方式來施行。就像我們大多數人從未被問過我們是否想要核能一樣，我們也從未被問過我們是否想要人工智慧監控和生物識別、人工智慧決策系統、從我們的手機裡處理數據的人工智慧等等。對於個別的公民而言，人工智慧即權力，因為它使支配得以可能，並且對於某些人來說更重要的是，它還使壓迫得以可能。數據經濟從頭到尾都是政治性並充滿權力的。

然而，並不存在「人工智慧」壓迫我們的這類情況，好像科技會自行運作一樣。人工智慧不應該被理解為一個孤立的因子或是原子化的人造代理人；它總是與人類連結在一起，人工智慧對權力的衝擊總是與人類一起、並透過人類來發生的。如果人工智慧可以被說成「擁有」任何權力的話（例如，支配人類的權力），那也是**經由**人類和社會來獲得的權力。從一種馬克思主義的角度來看，為資本家們生產剩餘價值的是活生生的勞動，而不是機器本身（Harvey, 2019: 10）。此外，人工智慧和機器人化（roboticization）旨在取代人類勞動，如同大衛・哈維（David Harvey）所說的：「機器人不會（除了在科幻小說中）抱怨、回嘴、控訴、生病、怠職、失去注意力、罷工、要求更多薪資、擔心工作條件、想要茶歇、或是乾脆不出現」（121-2）。即使是生產軟體或是虛擬世界的所謂「非物質」勞動（Lazzarato, 1996; 也參見Hardt and Negri, 2000）也需要人類。此外，關於人工智慧的政治選擇，是由政府和那些開發並使用人工智慧的人們來決定的。人工智慧和數據科學是政治性且充滿權力的，因為在數據經濟的脈絡下，決策是由人們在各個層次、各個階段以無形的方式來做出的：

要選擇哪些數據組合來進行研究是由人們來決定的。它是一個主觀的決定，也是一個政治的決定。每個個人，一旦進入一組數據組合，就成為了在它們與把它們置入其中的無形力量之間的新交易的一部分，並使用那組數據來訓練演算法，最終對它們做出一個決定。這代表了一種不對稱的權力，而這種不對稱性——選擇與權力的結果——正是數據政治的基礎，並且最終成為數據經濟的基礎。數據經濟在各個層面上都是政治性的，尤其是因為一些組織透過決定誰能取得一組數據、誰被排除在外，進而對其它組織擁有一種巨大的權力，而這一決定可能會產生深遠的影響。（Bartoletti, 2020: 38）

以「多隻手」涉入人工智慧運作的角度來承認人工智慧之政治和權力，並不意味著集中化、由上而下的權力使用是不存在的。企業和政府雙方都以一種集中化的方式來使用人工智慧，正如我們在前一章所看到的，這可以透過技術官僚制的形式。薩特拉（2020）對此進行辯護：在優先考慮公共利益的情況下，人工智慧可以實現某種形式的理性最適化（rational optimization），而多數的問題只要適當地理解，都是「順從於統計分析和最適化邏輯的技術問題」（2）。但若要反對這種觀點，人們可以說——依據環境哲學和（我的補充）技術哲學的觀點——科技問題也是政治問題，而人類作為能具有同情心和智慧的政治動物和道德能動者，須要參與其中並承擔責任（5-7）。不過，薩特拉仍然相信，如果人工智慧得到進一步的發展，它有可能為我們解決複雜的議題，因為它在創建和辨識最佳政策上會比人類來得更勝一籌，尤其是在涉及像是科學、工程、和複雜的社會及總體經濟議題等領域上（5）。然而，有人可能會反對說，這些議題也是政治議題，而政治不能也不該完全以一種科技官僚的方式來處理，因為這違反了民主原則，並且因為在政治中需要人類的判斷（參見前一章）。

然而，這些論點可以在不提及資本主義的情況下提出。從一種特定的馬克思主義觀點來看，主要的問題其實不在於技術官僚制和缺乏民主本身，而是一種具有其自身邏輯的特定的社會經濟體系。例如，威瑟福德、喬森與斯坦霍夫（2019）觀察到，當今的資本主義已經被人工智慧的問題所「佔有」了，並主張說，人工智慧是資本和剝削的工具。人工智慧不僅具有一種技術邏輯，還具有一種社會邏輯，特別是生產剩餘價值的邏輯。它有助於創建並維持一種特殊的社會秩序：一種資本主義秩序（1-2）。人工智慧取代了工作，並且即便它沒有取代工作，它也加劇了工作，而害怕遭到取代的恐懼則有助於恐嚇工人。人們變得可有可無，或是讓人感覺自己是可有可無的。雖然一些社會主義者把人工智慧視為是創造一個不同社會的契機，例如經由全民基本收入的方式；但威瑟福德、喬森與斯坦霍夫則是把重點放在這個問題上：新形態的剝削以及沒有人類的資本主義迫在眉睫的前景。

然而，人工智慧對人類的所作所為，並不限於狹義來說的生產與勞動領域。人工智慧不僅成為生產的一部分，還能汲取知識並形塑我們的認知和情感。從情感運算（affective computing）（Picard, 1997）到情感人工智慧（affective AI），數位科技介入了個人的、親密的、情感的層次。「情緒人工智慧」（emotional AI）（McStay, 2018）被用來辨別情緒狀態和測量幸福感，例如，公司可以使用文本情感分析（sentiment analysis）來辨認、監視、和操控人們的情感狀態：這既是一種認知資本主義，也是一種情感資本主義（Karppi et al., 2016）。這些「針對你的個性、心情和情緒、你的謊言和弱點的操作」（Zuboff, 2019: 199），導致了新形態的剝削、支配和政治操控，例如由數據所驅使的競選活動（參見Simon, 2019; Tufekci, 2018）。社群媒體也偏好情緒化的訊息：情感傳染（affective contagion）（Sampson, 2012）被用來影響群眾。這可能會加劇極端主義與民粹主義，甚至有可能導致暴力和戰爭。

出於政治目的的情緒操控，喚起了從史賓諾沙（Baruch de Spinoza）到今日的哲學與認知科學，對於「激情」、「情感」和「情緒」等等的長期哲學討論，包括了關於情緒在政治中的角色的討論，以及相關的問題，諸如：身體在政治中的角色是什麼？什麼是「身體政治」（body politic）？從政治來說，我們受人影響的能力是我們的弱點嗎？例如，麥可・哈特（Michael Hardt, 2015）就曾主張，受人影響的能力不一定是個弱點，以及我們是非主權的主體。由此觀之，憤怒或許可以在政治上發揮積極的作用。相較之下，瑪莎・納思邦（Martha Nussbaum, 2016）反對那些相信要關心正義就需要憤怒的說法：在規範性上憤怒是不恰當的（7），相反地，我們需要慷慨和不偏頗的福利機構。法卡斯與舒爾（2020）對「激情」在政治中的角色提供了一種更積極的觀點，正如我們在第四章中看到的，他們主張政治和民主不只是關於事實、理性和證據而已，也是關於不同立場的衝突以及「關於情感、情緒和感受」（7）。因此，在一個充滿活力的民主的版本中，情緒是必需的，如同慕芙想像的那樣（參見第四章），人們於是可以討論人工智慧在這類條件下的角色是什麼。這與以下的觀點形成對比，即一般公民過於情緒化以至於無法參與民主辯論的觀點，以及我們需要的是技術官僚制，或是對公民進行理性主義的教育，而不是情緒這樣的觀點。另一個與情緒和政治有關的爭議性話題是歸屬感：歸屬感或許是重要的，但也可能會導致國族主義和民粹主義——這兩種意識形態的崛起也受到人工智慧的影響（參見前一章）。人工智慧對政治、資本主義和民主在情緒方面的影響方式還需要進一步的研究。

當談到以一種批判的視角來看待人工智慧和權力的時候，「數據殖民主義」（Couldry and Mejias, 2019）是另一個術語，用來表達從一個批判理論的角度來看，透過人工智慧對人類和人類的生命進行剝削是不可接受的。佔有數據旋即是經由殖民的歷史來進行理解的：如同歷史上的殖民主義佔據領土和資源來牟利一樣，數據殖民主義透過佔有數據來剝削人類（Couldry and Mejias, 2019）。如同我們在第三章中所看到的，在有關人工智慧和偏見的討論中也援用了殖民主義。

從批判理論的角度來看，助推也會被視為是有問題的：既然它是以一種資本主義的方式和背景來牟利的，那麼以一種更加微妙的方式進行操控的這個事實，並沒有使得它較不剝削。而且如同在第二章中已經指出的，助推也會因為其他理由而產生問題：它繞過了人類自主決策和判斷的能力。人工智慧增加了這些助推的可能性。楊凱倫（Karen Yeung, 2016）指出，演算法的決策引導技術被用來塑造出個人決策的選擇環境。她談到了「過度助推」（hypernudges），因為這些助推持續地推陳出新且無所不在，這對於民主和人的自我發展（human flourishing）產生了令人擔憂的影響。但是，助推的問題不僅在於它對於特定人類的直接影響，它更涉及了某種看待人類的方式，這種方式促成了特定的操縱和剝削關係，是非常令人不安的。庫德瑞與梅嘉（2019）在批評弗洛里迪（2014）關於我們是訊息有機體（informational organisms）或是訊息體（inforgs）的想法時寫道，當我們是（被製成）的訊息體的時候，屆時我們便暴露在操控和調控之中：「訊息體是被過度助推所統治的完美生物，他們被重新設計為始終對數據流（data flows）保持開放，而因此可以持續地被調控」（158）。而如果我們把這類訊息體當作科幻小說的話，那麼我們也能輕易地意識到，就像人類的情緒和捷思法一樣，科幻小說也被資本主義用來支持其體系（Canavan, 2015; Eshun, 2003）。或者，科幻小說是否也可以用來批判資本主義的議程和運作、賦予公民權力、並提議抵抗呢？

馬克思主義在關於人工智慧和權力的議題上的架構和分析方式導向了一個問題，即是否存在著抵抗、轉型或是推翻資本主義的方式。作為一個普遍的問題，這個主題自馬克思以來就持續被討論著，而作為一個獨立的問題，它超出了本書的範圍了。關於人工智慧，值得注意的是，一些批判理論的學者發現到把人工智慧同社會正義與平等主義的理念結合起來，並且帶來一種結構性革新，從霸權機構手中奪回權力的可能性（McQuillan, 2019: 170）。然而，把人工智慧視為一種抵抗或是革命的工具可能會面臨著相當大的挑戰，因為人們也曾對於網路懷抱著類似的希望和主張。正如卡斯特爾（Manuel Castells, 2001）和其他人曾指出的，首先，網路是誕生於軍事工業複合體，駭客隨即將其視為解放、實驗、甚至是一種虛擬的社群主義空間（儘管如今的自由至上主義似乎在矽谷取得了勝利）。網路確實具有一種開放性，並且有望成為一種更加「水平的」權力結構，它也重新建構了勞動和社會階級，至少在某種程度上；威瑟福德（2015）就曾指出，在科技業工作的人們並不完全符合階級劃分。駭客倫理似乎賦予了人們權力，並具備著抵抗資本主義霸權的潛力，例如卡斯特爾（2001: 139）寫道，駭客能夠擾亂被視為具有壓迫性或是剝削性的政府機構或是公司的網站。但是也有批評意見：一般來說，資訊科技的使用及其研發人員順應著企業和軍隊的優先事項（Dyer-Witheford, 2015: 62-3）。許多人擔憂，人工智慧也正朝著這個方向發展：與其說人工智慧是社會轉型的工具，不如說它很有可能成為壓迫和剝削的工具。人工智慧之民主化有時候是由科技巨擘來倡議的，但同時它又不願意限制自己的權力，不接受外部干預（Sudmann, 2019: 25）；在它所公開宣稱的，與它實際所做的之間，仍存在著張力。雖然人工智慧研究通常是由理想主義所驅使的，但是當它嵌入企業之時，競爭似乎就佔了上風（Sudmann, 2019: 24），而且人工智慧與演算法可能會有助於社會不平等的成長，例如在美國（Noble, 2018）。最後，有人曾主張，關於人工智慧的科幻小說場景似乎有助於維持，而非質疑具支配地位的社會經濟體系：資本主義。正如哈維（2019）所言：「新科技（像是網路和社群媒體）許諾了一種烏托邦式的社會主義未來，卻在缺乏其他行動形式的情況下，被資本所收編為剝削和積累的新形態與新模式」（113）。然而，要注意的是，在例如歐洲的社會經濟體系中，人工智慧資本主義至少仍在某種程度上從屬於民主社會的倫理和政治規範。

傅柯：人工智慧如何使我們臣服，並使我們成為主體

並非每個人都同意馬克思式的權力觀，或認為權力是某種集中施行的東西的觀點。在對此主題一部頗具影響力的著作中，傅柯主張，權力不（只）是關於一個揮舞著權力的主權政治權威，它還與所有的社會關係與制度息息相關。此外，他還批判了他視為是馬克思主義權力理論中的「經濟主義」（Foucault, 1980: 88）：權力不只是經濟權力而已。雖然權力確實服侍於「生產關係的再生產」，從而維持著階級支配，但權力也服侍於其他的功能並且「經由更細緻的渠道來傳遞」（72）。正如我在本章緒論中所解釋的，傅柯認為，權力瀰漫於整個社會之

中，並以各種背景和方式深入到各個主體及他們的身體之中，而這並不限於經濟領域。此外，傅柯還認為，自我和主體是被打造的，並也打造著他們自身，而這也是一種權力形式。現在讓我仔細檢視一下這些觀點。

規訓與監控

首先，傅柯認為權力是以規訓和監控的形式來出現的。在《規訓與懲罰》（*Discipline and Punish*）之中，傅柯指出，在現代的規訓權力之下，個體被當作對象和工具來使用（Foucault, 1977: 170）：身體變得溫順、順從和有用。基於這個框架之上，人們可以說，透過人工智慧來取得權力的社群媒體、監控科技等等，溫順的身體被創造出來。社群媒體的注意力經濟，使我們成為滾動和按讚的機器。人們在機場和其他邊境控制環境中受到監控。人工智慧還有助於創造一種新形態的全景式監獄（Fuchs et al., 2012）——全景式監獄是由英國哲學家傑瑞米・邊沁於十八世紀所設計的，它最初是一種監獄建築，其形式是在一圈牢房中設置一個中央瞭望塔。從塔樓上，獄警能夠看見每個囚犯，但是囚犯無法看入塔內，這意味著他們永遠不知道他們是否正受到監看。作為一種規訓的概念，全景式監獄適用於這樣的觀點，即人們的行為就彷彿他們受到監看，卻不知道事情是否如此。這是一種更加微妙的控制形式：它是一種自我調節，也是一種「政治技術」（political technology）（Downing, 2008: 82-3）。對傅柯來說（1980），全境敞視主義（panopticism）構成了一種行使權力的新方式：它是「權力秩序中的一項技術發明」（71）。他提到了邊沁的監獄設計，但今日，人工智慧可以被理解為有助於各種不太顯眼的全景式監獄，例如在社群媒體的背景下；而傅柯早就寫過關於現在所謂的基於數據科學來進行治理的東西。全境敞視主義也與公共行政和數據有關，這導致了傅柯所謂的「整合監控」（integral surveillance）：先是在地方使用的方法，但隨後——在十八和十九世紀——由國家來使用，例如由警察和拿破崙的行政體系來使用：

> 人們學會了如何建立檔案卷宗、標記和分類系統，以及個人紀錄的整合性會計……但是對於一群學生或是病患進行永久的監控則是另一回事。而在某一個時刻裡，這些方法開始變得普遍化。（Foucault, 1980: 71）

今日，在人工智慧的推動之下，我們體驗到這類方法的進一步普及。當前由數據來進行治理、或是「演算法治理」（Sætra, 2020: 4），導致了傅柯（1977）所謂的「規訓社會」（disciplinary society），其作用類似於邊沁設計的全景式監獄，但現在已經滲透到社會生活的所有面向上：規訓權力的效果「不是由一個單一的制高點來行使的，而是流動的、多價的、並且內在於我們日常生活的構造之中」（Downing, 2008: 83）。人工智慧和數據科學能做到這一點，例如透過社群媒體和智慧型手機，它們滲透到人們的社會生活之中，如同前面解釋過的，這引起人們對於作為自主的自由、民主和資本主義的擔憂。但是透過傅柯，我們也可以從去中心化、細微的權力運作來理解，舉例來說，當使用社群媒體時，人們不只是當局和企業的被動受害者而已，其他的個體用戶也透過他們彼此互動以及與社群平台互動的方式來行使權力。存在著不同形式的點對點監控，以及阿布雷特隆（Anders Albrechtslund, 2008）所謂的「自我監控」（self-surveillance）和「參與式」監控，這些監控不必然會侵犯用戶（與霸凌不同），但是可以是好玩的，甚至能夠進行賦權，因為它們讓用戶們能夠去建構他們的身分認同、與陌生人進行社交、維持友誼、並看見行動的機會。這種取徑反映了一種去中心化、水平的權力理解，也可以被用來從權力的微觀機制來理解人工智慧。

儘管如此，集中化和階層化的權力形式依然存在。例如，人工智慧能夠被用來支持「緊急狀態」（state of emergency）下的治理性，亦即，例如在應對恐怖主義的時候，「決定誰將被拘留、誰不會被拘留，誰可以再次看見監獄之外的生活、誰可能不會」（Butler, 2004: 62）。在安全和反恐行動的名義之下，人工智慧可以成為「演算法治理性」的一部分（再次參見Rouvroy, 2013），以一種下放關於誰在政治社群內部和外部的決定權的方式用來行使國家權力。即使是在歐盟的自由民主國家也逐漸在邊境管制上使用人工智慧。在二十一世紀，傅柯的讀者們所認為的屬於過去的治理性形式又回來了，而現在是經由人工智慧和數據科學來進行媒介和實現。為了對抗新冠肺炎大流行，警察監控和傳統的懲戒措施被使用，諸如隔離和檢疫，但是現在是由高科技來實現：人工智慧不僅協助醫療影像技術進行診斷、開發藥物和疫苗，也協助追蹤接觸者，根據現有數據推估病毒散播的情況，以及經由智慧型手機或是智慧手環來追縱及監視在家隔離的病患。換句話說：人工智慧有助於監控，而且是以一種非常垂直、由上而下的形式。而讓這點發生所「唯一」需要的是一場疫病流行。人工智慧是一種新的生命政治（biopolitics）的工具，它藉由無人機和檢傷分類系統讓新型態的監控、甚至是殺戮和放生的新生命政治得以可能（Rivero, 2020）。然而，基於傅柯的觀點，我們必須強調的是，如今大多數的監控都不是關於政治當局（老大哥），而是發生在正式的政治機構之外，遍及整個社會：今日，人工智慧能夠「看到」一切，甚至能夠「聞到」一切，即所謂的「氣味監控」（odorveillance）（Rieger, 2019: 145）。

如果這是真的的話，那麼除了國家之外，是誰獲得了新的權力？如果權力發源於新的、不同的中心的話，他們是誰或是什麼東西？一個答案是，企業們，尤其是科技巨擘。貝利斯（2020）說，透過搜集我們的數據，大型科技公司和政治行動者把知識轉化為權力。這裡存在著權力不對等，因為「它們幾乎知道關於我們的一切」（86）。人工智慧實現了監控和操縱，但是數據搜集本身就已經充滿問題。貝利斯區分了科技的硬權力和軟權力。硬權力是說，即使我們進行抵抗，例如拒絕許可，數據也會被採集（55）。對比之下，軟權力以一種不同、往往具有操控性的方式來運作：「它讓我們假裝是為了我們自己的利益，來為他人的利益做一些事。它召集我們的意志來對抗我們自己。在軟權力的影響下，我們做出有損我們最佳利益的行為」（58-9）。貝利斯以我們滾動FB動態消息的行為為例：我們之所以上癮，是因為我們害怕錯過，而這是故意為之的：我們的注意力被捕捉以用來違背我們的最佳利益（59）。這是在我們使用電腦和智慧型手機時所發生的，但是諸如個人機器人和數位助理等設備，也被用來行使這種軟權力。

知識、權力，以及自我和主體的形成與塑造

其次，在讓規訓和監控得以可能的意義上，人工智慧和數據科學不僅是充滿權力的工具，它們還生產著新的知識，並且共同界定我們是誰和我們是什麼。在《規訓與懲罰》之後傅柯的所有作品中，他不僅主張知識是權力的一種工具，還認為權力生產知識和新的主體。Google透過我們的數據變得更有權力，但是還不止於此：「那種權力允許Google可以透過使用你的個人數據來決定什麼才是關於你的知識」（Véliz, 2020: 51-2）。因此，科技公司不僅對我們採取行動，還把我們建構成人類主體；它們生產我們的欲望（例如，滾動螢幕的欲望），使我們成為不同的存在，以一種不同的方式存在於這個世界之上（Véliz, 2020: 52）。而即使在人文學科中這些知識也被使用著，這導致了新的知識和權力形式。經由演算法話語分析，例如，以一種非人為的方式來創造知識，從而繞過了人類的意圖和理論：

> 數據探勘和文本探勘使得知識的模式從而是形式顯現而出，而這些知識不必然在有意識的問題中得以窮盡。在此，人工智慧在其科學自戀中所認為是其真正活動領域的所有一切——對事物進行排序和分類、辨識相似性、並

創造系譜——都被移交給演算法了。（Rieger, 2019: 144）

根據傅柯（1980），個人的身分認同也是權力的產物：「具有身分和特徵的個體，是施行在身體、多重性、慾望、力量上的權力關係的產物」（74）。如今，這種身分認同的生產發生在更加「平行的」社會結構以及社群媒體的過程中，在那裡我們不僅受到像是政府和公司等權力的階層式機構的監控和規訓，並且也受到同儕們的監控和規訓，而最終是我們自己的監控和規訓。在不知不覺之中，我們對我們的身體下功夫，並塑造我們的自我和身分認同。當我們在社群媒體上與其他人互動，並受到人工智慧的分析和分類的時候，我們就不只是資本主義治理性和生命權力（bio-power）的受害者而已，同時也是自我規訓（self-discipline）、自我量化和自我生產我們的主體性的受害者。對傅柯來說，被規訓的主體在社會裡隨處可見，數位媒體和人工智慧完全是那種社會的一部分。

這種對於身體的強調，在例如巴特勒的女性主義著作中得到了延續，使得傅柯對於規訓和打造主體的方法變得非常具體，但又始終與社會層次相連。傅柯（1980: 58）主張說，不同的社會需要不同類型的身體：從十八世紀到二十世紀，在學校、醫院、工廠、家庭等場所的懲戒體制涉及了對身體投入大量權力的工作，而在此之後，對身體施行權力的，是更加微妙的權力形式。今日，我們可以問，經由人工智慧和其他數位科技所帶來的規訓，需要著並又創造了什麼樣的身體，而這些科技又促成了哪些新的、微妙的權力形式或是不那麼微妙的權力形式？當代的「人工智慧社會」似乎需要這樣的身體：它們能夠被**數據化**、被量化，並透過與智慧型手機和其他設備的互動，被（或不被）調動來傳遞這些數據和數字。這對於我們的身體構成了一種更加柔和、更不明顯但同樣無所不在的權力形式。因此，如果把「認知」理解為脫離實體的、完全非物質性的，那麼人工智慧在規訓、權力和主體性方面對我們的所作所為就不僅是「心理」操作或是認知的問題而已——它也對身體產生影響。但是把當代認知科學的經驗教訓納入考量（例如，Varela, Thompson, and Rosch, 1991），任何值得談論的認知都是具身認知（embodied cognition）。我們的思維和經驗依賴著我們的身體，身體在認知過程中扮演著一個主動的角色。此外，如果我們採納後人類主義的洞見（例如哈拉維〔Donna Haraway〕，參見下一章），身體就不會只是生物體而已：它本身也可以被理解為與物質相連相融，具有一種「賽博格」（cyborg）的特徵。從這個意義上來說，由一些馬克思主義學者所提出的非物質勞動的說法，是具有誤導性的：我們用我們的身體和頭腦所做的事情，是與我們所使用的物質技術密切相關的，並且有著非常物理性的後果，包括對我們的身體、健康和福祉的影響。例如，隨著我們透過使用由人工智慧所運行的智慧型手機和它們的應用程式來自我規訓、被規訓、並且生產我們的自我和主體性，這對於我們的肌肉、眼睛、等等產生了影響，並且能夠導致壓力、負面情緒、睡眠障礙、憂鬱和成癮。在這種情況，人工智慧很可能是「虛擬的」或是「非物質的」（在它是以軟體和數據庫的形式來出現的意義上）；但是它的使用和效果卻是物質的、物理性的、涉及了身體和頭腦。用一個馬克思式的吸血鬼的比喻來說：監控資本主義**吸食著活生生的勞動**。

然而，權力以及主體、身體和知識的生產，對其本身來說不必然是一件壞事，並且在任何情況下都不必然是暴力的或是限制性的。傅柯認為，權力跟力量也能夠以微妙的方式來行使，這些行使方式是物理性的，但不必然是暴力的（Hoffmann, 2014: 58）。一切都取決於它是如何進行，以及結果是什麼。權力生產了什麼，而科技又創造了哪種力（force）？

讓我詳細闡述傅柯對權力的生產性取徑。充滿權力以及科技對自我的塑造的想法也可以借鑒傅柯的後期著作，在其中他寫道，在古希臘和基督教中的自我轉變是經由應用「自我技術」（technologies of the self）來實現的：人類發展自我知

識的其中一種方式。自我技術

> 允許個人透過他們自身的手段，或是在其他人的幫助之下受到影響，對他們自己的身體和靈魂、思想、行徑和存在的方式進行一定程度的改造，從而改造他們自己，以達到某種幸福、純潔、智慧、至善或是不朽的境界。
> （Foucault, 1988: 18）

傅柯沒有把這些「技術」看作是物質的，也沒有把它們與生產技術分開來看。他對於「自我詮釋學」（hermeneutics of the self），以及在古希臘羅馬哲學和在基督教靈修與實踐中關於自我照顧（self-care）的美德與實踐感到興趣（19）。然而，根據當代技術哲學來修正傅柯，我們可以把寫作視為一種自我的物質性技術，它有助於自我照顧、自我構成、乃至於美德的實踐。當古代哲學家、基督教僧侶和人文主義學者們在書寫他們自己的時候，他們既是對他們自己施加關懷，也是對自己行使權力。人們因而可以說，人工智慧等允許自我監控、自我追蹤、自我照顧和自我規訓的科技，也被用作「自我技術」：不只是用於他人的支配與規訓——雖然情況可能仍然是如此，請再次思索馬克思的分析和早期傅柯的觀點——而且也用於**對自己**行使某種形式的**權力**。想一想用於規訓飲食和體能訓練的健康應用程式，或是用於冥想的應用程式：它們被用於自我照顧，但與此同時，這涉及到對自我、靈魂和身體行使權力，從而產生一種特定的自我知識（例如，自我的量化），涉及了物理力量的運作，並構成了一種特定類型的主體和身體。權力在此並不限制某種預先存在的事物，而是具有生產性的，因為它帶來了某種事物（一種自我、一個主體、一個身體）的存在。從這個意義上來說，它是一種賦能而非限制，人工智慧能夠用於這類自我構成的實踐。因此，該提出的批判性問題，不僅是關於人工智慧生產了什麼類型的自我和主體，也該問它涉及了什麼類型的自我照顧和自我實踐。技術本身並不具備這種權力，它是在一種自我照顧、自我規訓等等的實踐中所使用的技術；但是這項技術影響了自我塑造的特殊類型。例如，人們可以主張，人工智慧和數據科學透過一種自我追蹤的實踐生產了一種「量化的自我」(quantified self)，而這也生產了一種特殊類型的知識：一種以數字為形式的知識。

這種打造主體的過程，可以透過使用朱迪斯．巴特勒的著作來得到進一步的理論化。和傅柯一樣，巴特勒把權力看作是生產性的，但是對她來說，這種權力所採取的形式是自我的**展演性**構成。借用奧斯丁（John Austin, 1962）對於某些言語行為如何進行的描述，她認為我們的自我和身分認同——例如性別認同——不是本質，而是由展演所構成的（Butler, 1988）。性別是一種展演（Butler, 1999），這使得這些自我和認同既非固定的，亦非假定的（Loizidou, 2007: 37）。與傅柯的觀點一致，她因此主張，這裡不只存在著臣服（例如，作為規訓），也存在著成為主體（例如，主體化）。但是，透過強調這種實踐和運作的展演性維度，她主張，她對於權力的解釋不像傅柯的那麼被動（Butler, 1989）。權力是關於構成主體的行為，不只是別人把我們變成某種東西；我們也塑造我們自己，例如透過說出某些東西。而這也是一個時間的問題：巴特勒（1993）不是把展演性理解為單次的行為，而是一種不斷反覆的實踐：「展演性不應該被理解為一種單次或是蓄意的行為，而應該被理解為經由不斷反覆和引用的實踐。話語生成了其所命名的效果。」（2）這可以和傅柯所談論的自我照顧的實踐相互調和。而受到布赫迪厄（Pierre Bourdieu, 1990）的啟發，我們還可以如此補充：自我構成是一種**慣習**（*habitus*）的問題。自我之構成是經由各種力量對自身的慣習性和展演性運作來運行的。

然而，巴特勒的展演性概念和她的政治概念（Butler, 1997）仍然集中於語言上。與傅柯一樣，重點在於話語。對此，我們必須補充，自我、身分認同和性別不僅是經由語言，也是經由科技實踐來產生和展演的。除了寫作之外，還存在其他的科技實踐：Web 2.0科技（Bakardjieva and Gaden, 2011），像是社群媒體，還有人工智慧。經由人工智慧的自我構成很可能有著語言方面的因素，但如前所述，它也有著深層的科技和物質面向，比如當一個「量化的自我」被生成時。此外，它也始終是一個社會問題，在這個過程中，自我和他者同時被塑造出來。例如，經由使用跑步應用程式和其他可穿戴式的自我追蹤科技，他者成為檢驗和競爭的對象（Gabriels and Coeckelbergh, 2019）。

這些自我塑造和自我照顧的科技方法至少引發了兩個問題。首先，自我和他者的量化誤導性地暗示著，自我或是他者可以被化約為數位訊息的集合——亦即，數位自我就是實際的自我（再次參見數據化）——或者，至少同樣有問題的是，數位自我和他者比起非數位的自我和他者來得**更加**自我。後一種假設，似乎至少是在一種透過資料上傳來實現永生和復活的超人類主義幻想的意義上來發揮作用的。庫茲威爾（Ray Kurzweil）曾想像說，機器學習將能夠重新建構一個他已逝父親的數位版本，從而使得與他的化身對話得以可能：「它將是如此地逼真，就像是和我的父親對話一樣」，實際上「如果我的父親還活著的話，它會比我的父親更像是我的父親」（Berman, 2011）。安卓耶維克（Mark Andrejevic, 2020）對此進行批判，他認為庫茲威爾旨在創造一種理想化的自我（和他者），一個比起實際的主體來得更加連貫一致的形象，但是實際的主體總是「經由其間隙和不一致性所構成的」，而因此任何在自我和主體的完美化上的嘗試，「等同於抹滅它的嘗試」（1）。精神生產之自動化及其所需的相關的人類智慧，試圖重新建構主體，從而抹殺主體：透過把任務從動機、意圖和慾望中抽出，「主體性的反思層次」被閃避了（5）。這不僅意味著，人類的判斷與思考被繞開了（鄂蘭也會同意這點），還意味著人類主體即便不礙事，也是多餘的。如同一種自動化主體的幻象受到實際主體的現實所挑戰，實際的主體「可以是無法預測、桀傲不馴且毋寧是不理性的，從而威脅著控制、管理和治理體系」（2），並阻礙自動化社會順暢且毫無摩擦的運行；上傳自我的幻想試圖創造一個數位化身，而這個化身終將**不再是個自我，也不再是個主體**。當我們嘗試借助社群媒體和人工智慧來塑造自我和他人的時候，這也會是一個問題：我們試圖把我們自己和其他人塑造成**某種事物**，也許是某種化身，但不再是個人、自我或是主體。此外，如同庫德瑞與梅嘉（2019: 171）借用黑格爾的觀點所指出的，被媒介化本身不是個問題，但是一種缺少與自己的反思關係、沒有與自己相處空間的生活，不是一種自由的生活。

此外，所有的這種自我塑造都是令人疲憊，而且可能是剝削性的——自我剝削也是充滿問題的。現在我們已經從傅柯的規訓社會，轉往韓炳哲（Byung-Chul Han, 2105）所謂的「成就社會」（achievement society）（8）。在第三章中，我們已看到資本主義生產焦慮的自我，這些自我內化了表現的迫切性，害怕被機器所取代。韓炳哲認為，在當代社會裡，禁令和戒律都被「計畫、倡議和動機」所取代（9）；當規訓社會生產瘋子和罪犯，「成就社會則創造憂鬱症患者和輸家」（9）——憂鬱的個體們厭倦了必須成為他們自己。個體剝削著他們自己，尤其是身處於他們必須成就並且表現自己的工作環境中。他們變成了機器。但是，反抗在此似乎是不可能的，因為剝削者和被剝削者現在成了同一個人：「過度的工作和表現升級為自動剝削」（11）。憂鬱症「在成就主體（the achievement-subject）**再也不能做得更多**（*nicht mehr können kann*）的那一刻爆發出來」（10；韓炳哲所使用的德文及所加的強調）。這可以和馬克思主義的分析連結起來：資本主義體系要求這種自我剝削。從資本家們的角度來看，這是一個高明的體系，因為當人們表現不佳、成就不高的時候，當他們沒有充分地自我努力的時候，似乎只能責怪他們自己。即使是在私領域中，我們也時常感到我們必須做這種自用功（self-work）。人工智慧與相關科技被用來提升我們的工作表現，但是我們也用它們來對我們自己用功，直到我們**無法做得更多**（*nicht mehr können*）。在各種科技的推動之下，甚至連自我構成都成了一個成就問題，這些科技監視、分析並改善著我們的表現，直到我們無法再做更多的表現，直到精疲力竭為止。要抵抗這一類的權力和治理性的體系是困難的，因為我們似乎只能責怪我們自己沒有跟上——我們應該使用正確的應用程式類型、做更多的自用功。如果我們感到憂鬱或是精疲力盡的話，那也是我們自己的錯，一種未能達成的失敗。

然而，原則上，不同的自我遮蔽和不同的自我技術是可能的。傅柯的理論框架留下了這樣的可能性，對權力的生產性、知識性和自我構成的使用也能夠採取其他的賦權形式。或是從展演的角度來說：不同的自我展演是可能的。還容我從我自己在展演和科技上的著作中提供一些建議，以便展示把一種以展演為取向的權力觀用來理解並評估人工智慧的可能性。

技術展演、權力，與人工智慧

如同我們已看到的，巴特勒使用「展演」一詞來概念化自我的構成。但是我們也能用它來概念化科技的使用，強調科技對我們施加權力的方式，並且揭露個人展演和他們的政治脈絡之間的連結（Coeckelbergh, 2019b; 2019c）。在此，把科技與展演聯繫起來，並不只是要說數位科技被用於藝術表演（Dixon, 2007），毋寧是說展演能夠作為隱喻和概念來思考科技。就權力而言，這種取徑使我們得以描述並評估，當科技取得更多能動性時在權力方面會發生什麼事情：我認為，它們**引導**並**編排**（direct and choreograph）我們（Coeckelbergh, 2019b）。隨著我們涉入「技術展演」（technoperformances）（Coeckelbergh, 2019c），技術逐漸發揮一個主導和組織的作用。有一種意義是，我們不僅與技術一起展演，「技術也與我們一起展演」，人類並未缺席，我們共同展演、引導、編排，但是技術也形塑著展演。屆時，問題在於我們想要用這種技術來創造哪些戲劇、動作編排等等，以及我們在這些表演中的角色是什麼（Coeckelbergh, 2019b: 155）。基於這種取徑，人們可以再次堅持說，人工智慧不只是人類用來行使權力的一種工具而已，它還有著意想不到的效果，而其中一種效果可以被這樣描述：隨著並且一旦人工智慧被賦予更多能動性，例如以自動駕駛汽車、機器人、以及在網路上運行的演算法等形式，以及隨著人工智慧的非預期影響變得更加普遍時，它便成為指導著我們的運動、語言、情緒和社會生活的角色，如同一位編舞者、導演等等，不再只是一個工具或是一個東西，而是組織了我們做事情的方式。再一次，這並不意味著人類不牽涉其中或是不承擔責任，而是說人工智慧有著超出工具性角色的作用，能夠塑造我們的所作所為。它擁有組織我們的展演，以及改變力量場域及權力關係的權力。

在與人工智慧的關聯上使用「展演」一詞，還能帶來與權力有關的技術使用的多重維度。首先，它使我們能聲稱，人工智慧的使用總是一種被理解為共同展演的社會事務，它涉及了人類在一個社會脈絡中進行的互動和運作，因此也涉及了一個政治脈絡，還可能涉及了對其使用做出回應的「受眾」。人們可以說，人工智慧總是處於這種社會環境之中，如同傅柯所展示的，這種環境充斥著權力。例如，科技巨擘對人工智慧的使用是在一個社會和政治脈絡下進行的，並有著一群用戶和公民受眾，他們對這些公司的所作所為做出回應。而這些「受眾」也擁有權力，是權力關係的一部分。其次，如果把這種人工智慧的使用概念化成展演，這意味著身體也牽涉其中。如前所述，即便人工智慧以一種「非物質」或是「虛擬」的形式出現的事實，例如以軟體的形式出現，也不意味著並不存在對於身體的權力效果。技術展演就像所有的展演一樣，都涉及了人類的身體。這與傅柯和巴特勒對於身體的關注是一致的，但沒有把身體的概念排除性地附加在話語、知識和身分認同上。權力在此的運作方式其實就和**運動**、移動身體息息相關。當我經由智慧型手機上的一個應用程式來使用人工智慧的時候，我並不是一個只使用「心理」或是「認知」功能的無實體用戶：我正在移動著我的身體和雙手，同時我的身體部分是固定的，諸如此類。之所以如此，是因為人工智慧及其設計者精心編排以某種方式來操作這個設備和應用程式所需的動作，從而對我和我的身體施行權力。其三，展演的概念也帶來時間的面向。經由並透過人工智慧來行使的科技權力是在時間中發生的，甚至是在配置時間，在它塑造了我們對時間的體驗，配置我們的故事、日子和生活的意義上。舉例來說，我們經常拿起手機查看訊息和推薦，這已成為我們日常生活的一部分。從這個意義上來說，人工智慧擁有界定我的時間的權力；而透過數據搜集和數據分析的手段，我的故事按照人工智慧所做的統計類別和概況來進行配置。這不只發生在個人層次，也發生在文化和社會層次：我們的時間變成人工智慧的時間，人工智慧塑造著我們社會的敘事。

這種取徑與傅柯式的思考，包括傅柯式的舞蹈和展演理論產生共鳴。寇佐（Susan Kozel, 2007）談到了權力和知識，以提出麥肯齊（Jon McKenzie, 2001: 19）所稱的「展演性權力機制」（the mechanisms of performative power）的主張。展演被視為「分布橫跨於各種時空、網絡、和身體」（Kozel, 2007: 70），而人們可以據此補充，權力也是如此：在技術展演之中的權力和技術展演的權力，也是分布橫跨時空、網絡、和身體。此外，我們也再次遇見一種「生產性」的權力觀：人工智慧擁有（以特定的方式）塑造我們的時間的權力。與傅柯和巴特勒（1988）的觀點一致，可以說涉及人工智慧的技術展演不僅規訓著我們並把我們置於監控之下，還把我們建構成新的主體、公民和身分認同。它們也生產著一種特殊類型的自我和主體性。透過使用人工智慧，我開始以一種特殊的方式來理解自己。這能夠由敘事或是其他角度來理解，例如透過這些技術展演，我們可以獲得一種網絡化的自我意識（Papacharissi, 2011），或是如同我早先所說的，一種數據化的自我意識。利波德（John Cheney-Lippold, 2017）認為，演算法跟使用它們的公司，諸如Google和Facebook，利用數據來建構我們的世界與身分認同；在這個意義上，如同利波德的標題所說的，「我們就是數據」，我們愈來愈相信這點。從一種批判理論的角度來看，這對於那些將我們的數據貨幣化並以此為商業模式的公司，是非常有用的。我們不僅是消費者，同時也是數據的生產者們：我們為這些公司工作，這些公司透過福克斯等人（2012: 57）所稱的「一種全景分類機」（a panoptic sorting machine）來剝削我們，這台機器辨識用戶們的利益、對他們進行分類、然後啟用針對性的廣告投放。但我要補充的是，對世界和自我的這種建構以及與之相關的剝削，並不是某種只發生在我們身上的東西而已。我們與人工智慧的技術展演是隨著我們與科技的接觸而發展起來的，它是一個主動的過程，是人類努力的結果，不僅只是其他人或是人工智慧演算法把我們變成了數據。透過我們與科技的展演，當我們在社群媒體和其他地方技術展演地構成我們自己的時候，**我們也把我們自己變成了數據**。因此，我們既為我們的自我構成，也為我們的剝削做出貢獻。

從（技術）展演的角度來看待科技，與把科技視為活動的概念是一致的。這類概念使我們得以導入社會和政治的維度（Lyon, 1994）。科技當然可以是關於技術物和事物，但是為了研究其政治維度，我們須要去檢視我們用科技做了什麼，科技對我們做了什麼，以及這兩者是如何嵌入一個社會（和知識）脈絡中的。把科技視為活動和展演，使我們能再次強調人類始終參與其中。儘管諸如後現象學等技術哲學的當代走向正確地宣稱說，科技「做」事情（Verbeek, 2005），在它們共同塑造人類的感知和行動的意義之上（例如，微波爐形塑我們的飲食習慣，超音波科技形塑我們對懷孕的體驗等等），技術的所作所為也總是涉及人類的。我將在下一章討論後人類主義觀點的時候回到這點。

最後，有鑒於人類持續共同指引並且共同塑造他們的社會、身體和時間的展演，並因此參與了權力的行使和流通，我們就必須要問，是**哪些**人類（共同）編排了我們的技術展演，以及參與這些展演是否總是出於自願的。正如帕維艾寧（Jaana Parviainen, 2010）所問的：是誰對我們進行編排？例如，人們可能會說，科技巨擘透過鑲嵌在我們的應用程式和設備的人工智慧來編排我們，並且漸漸地設計我們的行為和塑造我們的故事，但是既然我們通常意識不到這點，既然我們這些科技的設計初衷就是為了具有說服力，那麼我們在這些展演和故事中的參與很難說是自願的。而如果技術展演總是與一種更廣泛的社會和政治脈絡相連的話，那麼就有必要問，誰**被允許**參與人工智慧之展演（同時包括了使用和研發），亦即，誰包括其中，誰被排除在外，以及這種參與的條件是什麼。

首先，在同意使用人工智慧的方面上，我們之中的許多人不僅被給予了一種虛假的選擇（Bietti, 2020），而且在決定人工智慧之發展以及它該如何使用的方式上也被排除在外。在這方面，我們被掌握在科技巨擘的手中，即使是政府往往也只是順應科技業所提供的東西。在許多國家，監管是微乎其微的。以展演為導向的視角使我們能夠就此提出關鍵性問題：在這場展演中，誰是演員和編排者？誰被排除在表演和編排之外？哪些演員和編排者比其他人更有權力？而我們能否制定逃脫完全掌控的策略？這些問題與有關民主的討論再次相連。

其次，在它與政府政治的連結的意義上，人工智慧展演也可能具有高度的政治性。帕維艾寧和我使用動作編排的概念，認為人工智慧和機器人技術是在政治利益和策略的背景下來使用的（Parviainen and Coeckelbergh, 2020）。我們的研究說明，一個號稱有著人工智慧的人型機器人蘇菲亞，其展演與政治是有關的：「蘇菲亞的展演不僅符合一家私人公司（漢森機器人公司〔Hanson Robotics〕）的利益；也符合那些尋求拓展這些涉及到的科技，以及與這些科技相連的相關市場的人們，他們的利益」（7）。藉由「權力」一詞的使用，人們也可以這樣表達：參與人工智慧和機器人技術研發的私部門，把籌畫技術展演作為一種擴大市場的方式，從而提升它們的實力和利益。同樣地，政府可以支持這類展演並參與其中，以便實現它們有關人工智慧的計畫和策略，從而提升**它們**回應競爭對手的實力，也就是其他國家。此外，關於社交機器人的智慧或是倫理地位的討論，可能會分散人們對這種政治維度的注意力，因為這些討論把事情變得好像只能提出關於人工智慧的技術或是倫理問題，即涉及技術的直接互動和環境的問題，而不是更加廣泛的社會和政治場域的問題。這類討論往往誤導性地建議，這些科技是權力中性和政治中性的，而與人工智慧的展演以及相關的討論因此可能會被掩蓋。就像所有的科技一樣，人工智慧是並且可能是非常政治的和充滿權力的，研究人員和記者能夠揭露這種更加廣泛的政治脈絡，從而把在地且具體的人工智慧展演與發生在「鉅觀」層次的政治及其權力遊戲連結起來。

「展演」一詞的使用及其與權力的關係，為一種看待人工智慧的批判視角提供了一個框架，它兼容於、汲取自馬克思式分析和傅柯式取徑，它有助於揭露人工智慧與權力相互連結的各種方式——在技術展演之中並透過技術展演來行使的權力；以及在這些展演之間與一種更加廣泛的權力領域、和諸如公司和政府等權力玩家之間，進行循環的權力。

結論和待解問題

本章已經展示了談論權力和人工智慧如何讓我們得以導入社會和政治理論，從而幫助我們把人工智慧的政治面向加以概念化。當然，這種練習不僅是關於權力，也與其他政治概念和議題相互連結。例如，關於助推的討論涉及關於自由的問題，而偏見的議題在關於平等和正義的第三章中已經談過。關於這些連結中的任何一個都還可以說得更多，例如，人工智慧中的偏見議題（Bozdag, 2013; Criado Perez, 2019; Granka, 2010）可以被表述為一個權力問題，同時也與正義和平等有關：如果在人工智慧的篩選、搜尋演算，以及人工智慧據以訓練的數據組之中存在著偏見，那麼這就與人們對其他人施行權力有關。人們也可以說，在一個特定的社會裡，存在著一種特定的權力結構（例如，資本主義的、父權主義的等等），這導致了經由使用人工智慧而產生的偏見。看起來，多元化的概念有助於解開這點，不過，權力的概念一直是我們可以用來分析並討論人工智慧之政治的一個有益視角。本章也提供了另一種獨特的方式來概念化技術的政治性以及它**如何**具有政治性，它顯示了談論權力如何有助於我們分析究竟發生了什麼事，以及它可能存在著什麼問題。

從一種現代的觀點來看，這種把科技和政治結合在一起的概念，尤其是關於人工智慧對權力具有非工具性效果的說法是有問題的，因為在現代性中，科技和政治處於不同的領域。前者被預設與技術和物質的事物有關，而政治被預設與人類和社會有關。這種現代思想源於古希臘哲學，至少是從亞里士多德開始，並持續發揮其影響力至今：人工智慧被假定是政治上中性的，而政治則被假定與人類使用人工智慧的目的有關。本章的討論跨越了這個現代劃分，例如在談及人工智慧如何塑造我們的自我、創造新形式的主體性、並且對我們進行編排。在充滿權力的人工智慧展演之中，手段和目的是混合的，而最終人類和科技也是如此。然而，正如我們反覆強調的那樣，這個想法並不是說人類被科技取代，也不是說科技正在獨自進行這一切；把諸如編排等術語應用到人工智慧的目的，並不是說人類被排除在權力之行使和技術展演之外，而是說人工智慧有時候被賦予更多的能動性，並且透過一些意想不到的效果，共同塑造我們怎麼做事情以及我們是誰／是什麼。在這個意義上，人工智慧對我們擁有權力。在科技和政治之間的界線變得模糊了，尤其是人工智慧和權力之間的界線，我們因此能夠把人工智慧稱之為「人造權力」：不是因為人工智慧無所不能，而是因為權力被人工智慧所行使。人工智慧作為人類技術展演的一部分，它形塑了我們的行為以及我們是誰／是什麼，只有如此，人工智慧才是充滿權力以及政治性的。

然而，還有另一個相關的邊界值得討論：人類／非人類的邊界。人們通常假設，政治，以及人工智慧之政治，都是關於人類的。但這樣的觀點是能夠被挑戰的。這就是下一章的主題。

關於非人類的問題？
環境政治與後人類主義

導言：超越一種以人為本的人工智慧和機器人技術的政治

在前幾章裡討論的大多數理論都預設，政治哲學，以及把政治哲學應用於人工智慧，都是關於人類的政治。像是自由、正義、平等和民主政治原則被預設是關於人類的自由、關於人類的正義等等。**人民**、公眾和政治體往往被假設是由人類和他們的制度所組成的，而大多數人相信，「權力」一詞只適用於人與人之間的關係；如果權力像傅柯所說的那樣是透過社會實體來進行循環的話，那麼，這個實體則被認為是完全由人類來組成的。此外，人工智慧與機器人技術的倫理和政治往往是以一種人類中心主義的方式來進行表述的：有人聲稱說，人工智慧和機器人技術應該是以人為本的，而不該由科技和經濟來驅使。但是，如果我們挑戰這些假設，向非人類開放政治邊界的話，會發生什麼事呢？這對於人工智慧和機器人技術之政治來說意味著什麼，而政治哲學和相關的理論能夠如何協助我們將其概念化呢？

本章在探討這些問題時，首先考慮的是已經跨越人類／非人類邊界的政治理論：關於動物和自然環境的理論。我特別關注近期有關動物的政治地位的論點，尤其是那些以關係取徑和後人類主義取徑為基礎的論點。接著，本章探討在政治理論中的這個轉變對於人工智慧和機器人技術之政治的意涵是什麼。首先，會考慮的是人工智慧對非人類（例如動物）和環境的影響。有鑒於諸如（非人類）動物和生態體系等非人類可能可以具有政治地位，那關於人工智慧和機器人技術的政治思考是否應該考慮到對其造成的後果呢？如果是的話，能夠使用什麼概念來證成？其次，人工智慧系統和機器人它們本身能否具有政治地位呢？例如，它們能否成為一種公民呢？超人類主義和後人類主義會如何看待這個問題呢？例如，人工智慧能否以及是否應該接管政治控制權，而我們如何以涵蓋非人類的方式來重新構思政治和社會呢？

在政治上，不是只有人類才算數：動物和（非人類）自然的政治地位

在動物倫理（animal ethics）和環境哲學（environmental philosophy）中，我們會發現有人提議把道德和政治的邊界擴大到非人類動物和環境。鑒於本書的主題，我將把重點放在**政治**考量之上，而此外，我將把我討論的範圍限縮在關於**動物**的政治地位的一些主要論點上，儘管我也將觸及環境政治和氣候變遷政治。彼得・辛格（Peter Singer）的《動物解放》（*Animal Liberation*, 2009）是這個領域中

的一部知名著作，該書提供一個著名的效益主義論點，主張解放我們為了生產食物、衣服和其他目的而使用和殺害的動物們：我們應該評估這些做法給這些動物帶來的後果，而如果我們給牠們造成痛苦的話，我們就應該減少這種痛苦，並且必要時完全廢除這些做法。儘管辛格把這本書定位為倫理學，但是也能夠很容易把它解讀為一部政治哲學著作，訴諸關鍵的政治原則。首先，該書是為解放而寫，並且已經被動物解放運動用作為動物解放的一個證成理由。該書在一九七五年的第一版序言開宗明義地寫道：「這本書是關於人類對於非人類動物的暴政」（8）。因此，辛格使用了一個政治語彙來表述他的倫理學：暴政，即政治自由的相反。但是，他不是只有訴諸政治自由而已，他也談到要考慮動物的利益，把平等原則從人類延伸到非人類動物，並且終結有著長久歷史的偏見與歧視。他在關於物種歧視（speciesism）的核心論點，依賴於一種特殊類型的偏見與歧視的指控；而將動物從虐待和殺戮的領域中解放出來的目標則得到該論證的支持，即大多數的動物就像人類一樣會感到痛苦，因此如此對待牠們就是「物種歧視」：對於非人類動物的不義歧視，僅僅是基於牠們屬於不同物種的事實。而這是「一種偏袒自身物種成員的利益而反對其他物種成員的利益的偏見或是偏頗態度」（6）。但因為我們大多數人（作為肉食者）是壓迫者和歧視者，改變是困難的。

他把動物解放運動與其他重要的政治運動進行比較：非裔美國人民權運動（the civil rights movement），黑人之所以獲得這些權利是因為他們要求（而動物們無法為牠們自己說話）；或是廢除奴役的鬥爭；或是抗議性別歧視的女性主義運動。他以此主張，抗議和鬥爭對於改變事情來說是必要的，因此辛格的書既是關於倫理學的，也是關於政治哲學的。他的效益主義倫理學（utilitarian ethics）通常是哲學家們在回應他的著作時所關注的重點，但實際上卻是與一系列的政治哲學概念有所關聯，而這些概念幾乎涵蓋了我在前面幾章中所涉及到的全部內容。還要注意的是，辛格在他的倫理學和政治哲學中採取了一種普世主義的立場：他沒有把身分認同當作一個標準，而是在不考慮物種、基於普遍的感受痛苦的能力（capacity for suffering）的前提來進行論證。

對動物投以政治考量的其他論證，也是屬於普世主義的自由主義傳統，這些論證依賴著關於正義的政治原則。例如，可以用契約論的論點來討論動物的正義，在這方面，羅爾斯的正義理論是一個具有影響力的說法，羅爾斯把動物排除在他的正義論中（Garner, 2003），而這種契約論一般來說是建立在人類理性的重要性之上。這是為什麼納思邦（2006）在關於賦予動物們正義方面的道德與政治地位時，她選擇了能力的概念：就像人類一樣，動物也有權維持生存和維持種群繁榮，儘管牠們可能不具備人類的理性，但是牠們擁有牠們自身物種所特有的能力，而我們則應該尊重牠們的尊嚴。納思邦列出了一份能力／權利清單，說明這對動物而言有什麼意義。例如，動物有資格享有健康的生活，這意味著我們需要禁止殘忍對待動物的法律。這本身就是一種有趣的政治理論應用：它原先是針對人類的，後來被應用在動物上。（還要注意的是，在納思邦的能力取徑、以及注重人類自我發展的古代德行倫理學和古代政治學之間，存在著一種有趣的連結；然而，我在此不會再做進一步討論。）

然而，一些學者們仍然提出說，可以在契約論的基礎上為動物伸張正義，人們可以用這樣一種方式來修改羅爾斯式的原初位置，即無知之幕還包括了對於一個人最終是否會成為人類還是動物的無知。例如，在羅蘭（Mark Rowlands, 2009）的版本中，理性被隱藏在無知之幕之後，因為這是一種不應得的自然優勢。另一種途徑則是去強調人類和動物之間的合作，我曾提出，如果動物們是一場合作計畫的一部分的話，那牠們也可能被納入分配正義的領域之中（Coeckelbergh, 2009b）：這個想法是，人類和非人類以各種方式相互依賴，並且有時候會相互合作。如果並且當情況確實如此（例如，對家畜來說），那麼這些動物就應該被視為是正義領域的一部分。唐納森（Sue Donaldson）與金里卡

（Will Kymlicka）在《動物公民：動物權利的政治哲學》（*Zoopolis: A Political Theory of Animal Rights*, 2011）一書中，也將倫理學辯論轉移到政治理論的領域，他們提出了類似的觀點，即我們對動物負有關係性義務（relational obligations）並且我們應該把牠們納入共享公民身分的合作計畫之中。二位作者承認動物的政治能動性的能力可能會比較低，但是牠們仍能被視為公民。

這也是我所謂的一種「關係性」觀點（Coeckelbergh, 2012）：唐納森與金里卡強調人與動物的關係，而不是內在屬性或是能力。這些關係賦予我們義務，例如照顧依賴著我們的動物的義務。但這並不意味著所有的動物都擁有相同形式的公民身分，二位作者主張，就像在人類社會一樣，一些動物應該成為我們政治社群的正式成員（例如，家畜），而另一些動物則應該擁有牠們自身的社群（例如，野生動物）。然而，加納（Robert Garner, 2012）批評了這類論證，他認為那些主張應該要重新界定原初位置的作者們，實際上依賴的是一種契約之外的原則；對於社會合作的依賴適用於訓養後的動物，卻不適用於其他動物。而我們可以如此回覆：一，為什麼這些契約論者應該要遵守比羅爾斯更高的標準，原因尚不清楚，因為羅爾斯也提到了預先存在的規範性判斷（例如，在他的案例中，正義只適用於人的觀點）；以及二，那個契約論的論點在涉及給予動物政治考量的問題上確實是侷限的，但幸運的是，還有其他有著更廣闊適用範圍的道德論證，它們可以證明更廣泛的保護是合理的，但嚴格來說並不涉及政治權利和義務。我們可以基於各種類型的論證（例如，基於感知的論證）來給予許多動物以道德考量，但是並非所有的這些動物都有資格成為政治正義的受益者。舉例來說，人們可以說，例如我們**可能**對於一隻在森林中受苦的野生動物負有道德義務（按照辛格的觀點，基於減輕痛苦的義務以及同情心的義務），但這不是一種政治義務，因為這隻動物不是我們政治社群的一部分。

為了回應這種限制，人們可以呼籲把政治社群的範圍擴大到所有的動物上，儘管很難說這會意味著什麼。例如，如果我們將政治地位賦予野生動物，那我們對牠們的義務是什麼，而又是在什麼意義上牠們是我們政治社群的一部分呢？甚至可以超越動物的範疇，例如除了特定動物之外，河流和生態系統是否也應該擁有政治地位。例如在二〇一八年，哥倫比亞最高法院賦予亞馬遜森林人格；而在紐西蘭，旺阿努伊河和生態系統就擁有法律地位。後者可以經由依賴內在價值的一種道德論證來得到證成，但是它也可以透過一種關係性、政治性論證來得到支持，該論證是關於旺阿努伊河（例如，精神特徵）和原住民毛利人之間的相互依賴關係（當然，這兩種論證是可以相互連結的）。而關於地球或是整個星球的價值也能夠進行類似的辯論，例如在二〇〇八年，厄瓜多在其憲法中提出要保護大地母親（the Pachamama）的權利；在二〇一〇年，玻利維亞——受到安地斯原住民族世界觀的影響，把地球視為一個生命體——通過了《地球母親權利法》（Law of the Rights of Mother Earth），該法把地球母親定義為「一個公共利益的集合主體」並列舉了該實體有權享有的若干權利，包括了生命和生命多樣性（Vidal, 2011）。人們可以將此界定為尊重地球母親的內在價值，或是尊重原住民族的政治權利，或是兩者兼而有之。

在環境倫理學中，關於人類中心主義（例如 Callicott, 1989; Curry, 2011; Næss, 1989; Rolston, 1988）和內在價值（Rønnow-Rasmussen and Zimmerman, 2005）的討論由來已久。例如，當雷根（Tom Ragan, 1983）把內在價值侷限在高等動物，克里考特（J. Baird Callicott, 1989）、羅斯頓（Holmes Rolston, 1988）和李奧波（Aldo Leopold, 1949）則主張把內在價值賦予物種、棲息地、生態系統以及（在羅斯頓的案例中）生物圈的倫理觀。這種觀點與人類中心主義的道德哲學（只承認人類的內在價值）背道而馳，是奠基於一種對於自然的生態學理解之上（McDonald, 2003）。雖然這些討論是以倫理學來進行表述的，但它們也可以擴展到基於內在價值的政治考量之上，並用於證成上述更加廣泛的自然實體的權利。

後人類主義理論也為一種非人類中心主義的取徑提供了基礎，並且可以被詮釋為支持給予非人類動物政治考量。**後人類主義**，意味著「在」人文主義（humanism）「之後」或是「超越」人文主義，指的是對人文主義以及當代社會和文化持批判態度的一系列理論方向。它有別於**超人類主義**，其為關於增強人類能力並且——至少在一種變體之中——把人工智慧看作是取代人類或是從人類手中奪取權力（參見本章後文）。在哲學形式上，後人類主義解構了「人類」以及階層式和二元論觀點（Ferrando, 2019），並因此反對人類中心主義。它質疑人類在西方哲學傳統中的特權地位，並提請人們關注非人類（non-humans）和混合（hybridization），它因此是後人類中心主義的（post-anthropocentric），雖然它當然不能被化約為這個立場（Braidotti, 2016: 14）。例如，在有些版本中，特別強調結構性歧視和不義。想想女性主義的後人類主義和後殖民主義理論。我們也應該承認，在西方傳統中的人類中心主義是多樣的（例如，把康德和黑格爾與亞里斯多德和馬克思進行比較）：存在著不同程度的人類中心主義（Roden, 2015: 11-12）。後人類主義的後人類中心主義和反二元論是相連的：除了諸如主體／客體、男性／女性等二元論之外，它還尋求克服人類／非人類、人類／動物、有生命／無生命等等的二元論。因此，它也試圖化解西方對於技術的恐懼：與其把科技視為工具或是威脅，它特別強調德希達（1976; 1981）和斯蒂格勒（Bernard Stiegler, 1998）所謂人類的「原始技術性」（originary technicity）（另見Bradley, 2011; MacKenzie, 2002: 3），並且創造了與機器他者共同生活的想像。後人類主義提出包含技術在內的一種更加開放的本體論，如此，人工智慧就不再被視為對人類自主性的一個威脅：在解構之後，就再也不會有可以受到威脅的「人類」及其非關係性的自主。主體永遠無法被完全掌控，總是依賴於其他人；與女性主義對關係自主性（relational autonomy）的解釋一致，人類和主體同時被視為具有深刻的關係性。如同盧芙瓦（2013）曾主張的（與巴特勒和阿圖塞〔Louis Althusser〕一致），並不存在完全自主的這種東西。此外，後人類主義不只是一項哲學計畫，也是一項政治計畫，其與後殖民主義、傅柯主義和女性主義取徑（以及其他取徑）站在同一個立足點；例如在哈拉維、布雷朵蒂（Rosi Braidotti）和海爾斯（Katherine Hayles）的作品中，包括了對那些抱持著人類為中心的人類例外主義世界觀和政治觀，以及向非人類動物施加的暴力和總體化的批判（Asdal, Druglitrø, and Hinchliffe, 2017）。此外，它還承認我們——人類和非人類——都是相互依賴的，以及我們都依賴著地球（Braidotti, 2020: 27）。（而請注意，在技術哲學中也有來自其他不同理論方向的非人類中心主義的倫理框架，例如弗洛里迪〔2013〕的訊息倫理學〔information ethics〕。）

讓我來開箱這套後人類主義理論，首先要凸顯他們對動物和自然環境的不同態度。哈拉維是後人類主義中的一個關鍵人物。在《賽博格宣言》（*Cyborg Manifesto*, 2000），該宣言以賽博格（同時是動物和機器的生物）的形象跨越了自然與人工的分野，而在該宣言之中的「政治—虛構（政治—科學）分析」之後，哈拉維至少從兩方面論證了致力於動物繁榮發展的政治。首先她主張說，存在著「伴侶物種」（companion species）（Haraway, 2003），像是狗狗，而我們與這類非人類的重要他者的關係、共同生活以及最終的共同演化，導致了彼此身分認同的共同構成。基於這個觀點，可以說，至少要給予那些被算作伴侶動物的動物們以道德和政治地位。其次，哈拉維透過她**建立親緣**（making kin）和**多物種政治**（multispecies politics）的概念，進一步為動物們開啟政治之邊界。以往關於人類世的討論往往過於強調人類在塑造地球方面的能動性，而針對這個討論，她則認為不僅是人類改造了地球，且諸如細菌等其他的「地貌改造者」（terraformers）也改造了地球，並且在生物物種和科技之間存在著許多互動。哈拉維（2015）認為，政治應該促進「包括人類在內的、豐富的多物種集合的繁榮發展」，也應該促進「超出人類」（160）和「人類之外」（161）的繁榮發展。基於這種「複合主義」（composist）（161）的觀點，政治體被擴展到各種實體之上，我們於是能夠與它們建立親緣，同時也必須對它們進行回應。如同哈拉維在《與麻煩共處》（*Staying with the Trouble*, 2016）一書中所說的：我們有責任「為多物種的繁榮發展創造條件」（29），而這種回應形成了紐帶，創造了新的親緣關係。然而，她在一個註腳中警告不要以偏概全，並強調要尊重多樣性和歷史情境，並將其與人類政治（特別是美國政治）直接聯繫起來：

> 親緣關係的建立必須尊重不同歷史情境的多樣親緣關係，不該為了急功近利地追求共同人性、多物種集合體、或是類似的範疇而把親緣關係一般化或是挪用。……在非裔美國人以及反對警察對黑人的謀殺和暴行的聯合反抗之後，在美國許多白人自由主義者透過主張大家的命都是命（#AllLives-Matter），以此抵制黑人的命也是命（#BlackLivesMatter），這種令人遺憾的景象具有啟發性。建立聯盟須要認識到具體情況、優先事項和急迫性。……打算建立親緣但卻沒有看到過去和正在進行的殖民政策和其他滅絕和／或同化政策的話，這至少可以說是「家庭」功能失調的徵兆。（207）

另一位後人類主義者沃爾夫（Cary Wolfe）探討了傅柯的生命權力和生命政治的概念對於「跨物種關係」的影響（Wolfe, 2010: 126）。在《法律面前：在生命政治框架之中的人類和其他動物》（*Before the Law: Humans and Other Animals in a Biopolitical Frame*, 2013）一書中，他質疑了從亞里斯多德到海德格的西方傳統對於動物的排斥，批評海德格關於人性和動物性是「本體論上對立的區域」的假設（5-6），並使用生命政治的概念——受到傅柯的啟發（Wolfe, 2017）——去論證說我們在法律面前都是動物：

> 生命政治的重點不再是「人類」與「動物」的對立；生命政治的重點是一個全新擴展的生命共同體，以及我們都應該關注著一切暴力和免疫保護坐落於其中的位置，因為我們畢竟在法律面前都是潛在的動物。（Wolfe, 2013: 104-5）

馬蘇米（Brian Massumi, 2014）也質疑把動物排除在政治之外的做法。他對西方人文主義和形上學中的人與動物的二分法提出質疑，並將人類置於「動物的持續演變」中（3）。他質疑我們把我們自己與其他動物區分開來的形象，質疑排斥和保持距離的做法（例如在動物園、實驗室或是螢幕前）以及類型學的思維本身及其類別區隔，並提出了一種「整體地動物政治」，而不是「一種動物的人類政治」（a human politics of the animal）（2）。重點是動物遊戲以及「成為動物」（56-7）：一個受到德勒茲（Gilles Deleuze）和瓜塔里（Félix Guattari）以及歷程哲學（process philosophy）的影響，其意在摒棄關於人類和動物的階層式和僵化式思維，並且將非人動物受到的壓迫加以問題化。

同樣地，布雷朵蒂（2017）主張重新思考主體性，「將其視為集體的聚集，包含了人類和非人類行動者、技術媒介、動物、植物以及整個地球」（9）。而她還補充了一個具體的、規範性的**政治**觀點：我們須要努力朝向一個與非人類他者更加平等主義的關係（10），並且拒斥「人類作為造物之王的支配性格局」（15）。她提出了一種以「普遍生命力」（zoe）為核心的平等主義，此處指的是非人類的生命活力（16）。受到德勒茲和史賓諾沙的影響，她主張一種一元論的取徑，並強調以同情的態度承認與非人格化的他者之間相互依存的關係（22）。卡德沃斯（Erika Cudworth）與霍布登（Stephen Hobden）（2018）也把後人類主義看作是一種解放計畫：他們旨在把人類去中心化，但不失去批判性地介入我們的時代危機的可能性：生態挑戰和全球不平等。他們的批判性後人類主義探索了新自由主義的替代方案（16-17），而在「一種針對所有生命的政治」的意義上，這是一種「地域主義」（terraist）（136）。我們被鑲嵌在一個彼此相關聯的地景之中，並與其他生物和生命體共享著脆弱性。受到哈拉維的影響，卡德沃斯與霍布登描寫了脆弱化身的「生物」（critters）的岌岌可危。（關於從一種更存在主義觀點來探討數位時代的脆弱性的作品，另見Coeckelbergh〔2013〕和Lagerkvist〔2019〕。）我們要能夠想像一個超越新自由主義的、超越人類世和資本主義世（Capitalocene）的、並且（站在拉圖〔Bruno Latour〕的視角）超越現代性的，更具包容性的未來（Cudworth and Hobden, 2018: 137）。

拉圖（1993; 2004）以其非現代的科學與社會觀點著稱，他在涉及把社會和政治理論化的問題上質疑了人類／事物以及自然／文化的區分。根據拉圖的說法，（關於）全球暖化的（辯論）是一種混合體，是政治、科學、技術和自然的混合體。他主張一種去除自然的觀念的政治生態學（political ecology）。受到拉圖和英戈爾德（Tim Ingold）的啟發，我也在幾本著作中質疑了「自然」一詞的使用（Coeckelbergh, 2015b; 2017）。此外，正如阿萊默（Stacy Alaimo, 2016）所說的，「自然」一詞「長期以來一直被用來支持種族主義、性別歧視、殖民主義、恐同症和本質主義」（11），因而在政治上是遠非中性的。因此，後人類主義者從根本上重新劃定政治社群的邊線：不只是人類，非人類也（得以）成為政治社群的一部分。這不必然導致無界線或是無排除，但是它不再接受在政治問題上存在著一個人類與非人類之間的深刻鴻溝的這種教條。後人類主義理論家也質疑倫理與政治之間的區分，根據阿萊默的說法，「即使是在家庭領域中最微小的、最個人化的倫理實踐，都與諸如全球資本主義、勞動和階級不正義、氣候不正義、新自由主義、新殖民主義、工業化農業、工廠化農業經營、汙染、氣候變遷和滅絕等一系列巨大的政治和經濟困境密不可分」（10-11）。據此，後人類主義者捍衛一種不那麼超然的取徑，並且同意那些環境運動分子的觀點，認為我們應該改變我們的生活，而不是對於「自然」做出超然的斷言。（然而，許多環境主義者確實持續提及「自然」，這也是為什麼環境主義（environmentalism）和後人類主義之間不完全相合的原因之一。）

一些後人類主義理論家則借用了馬克思。例如，阿塔娜索斯基（Neda Atanasoski）與佛拉（Kalindi Vora）（2019）認為，馬克思仍然可以被「應用在一種後資本主義、後人類世界的技術—烏托邦幻想」（96），並且將其與關注著種族、殖民主義和父權制的取徑相互結合。而摩爾（Jason W. Moore）對「自然中的資本主義」（capitalism-in-nature）的分析，是一種將馬克思主義與生態學方法相互結合的有趣觀點，它質疑了自然／社會的二元對立，認為把自然視為外在是資本積累的一種條件；而相反地，我們應該把資本主義視為組織自然的一種方式（Moore, 2015）。他批評那些談論賽博格、集合（assemblages）、網絡和混合體的人沒有擺脫笛卡爾式的二元思考。

與後人類主義相關的還有多物種正義（multispecies justice）這個有趣的環境政治概念，它對以人類為中心的正義論提出了質疑：它挑戰了人類例外主義，以及人類與其他物種之間是被應該要分離的、可被分離的這種觀點（Celermajer et al., 2021: 120）。查克特（Petra Tschakert, 2020）強調了氣候變遷的非人類維度，並認為氣候緊急狀態要求了重新審視正義之原則和實踐，而把人類世界和自然世界都納入其中。她透過探索「相遇」，即那些讓我們認識到與我們的生活息息相關的非人類「他者」的相遇，展示了氣候與多物種正義之間的交互連結（3）。在法學理論中，也有更多關於誰或是什麼屬於「正義之社群」（communities of justice）的思考（Ott, 2020: 94），例如關於在人類世中非人類的法律地位，以及其與地球系統內的不正義的關係。蓋勒斯（Joshua C. Gellers, 2020）提議擴大正義之社群的範圍，同時把自然的和人造的非人類都納入法律主體。

現在，**如果**（某些？）動物和自然環境具有道德和政治地位的話，並且如果政治社群向非人類開放的話，那麼這對於人工智慧和機器人技術之政治來說，意味著什麼呢？

對於人工智慧和機器人技術之政治的影響

如果我們撇開人類中心主義，把政治的場域擴展到人類和非人類自然的話，那我們至少可以就人工智慧的潛在影響發展出兩種類型的立場。首先，我們可以主張，人工智慧的使用和發展應該要把動物、環境等具有道德和政治地位的存在納入考量，因此應該要避免傷害這些自然實體；並且在可能且可取的情況下，積極地貢獻更加環境友善的實踐，並解決像是氣候變遷的問題。我們可以推廣環境友善和氣候友善的人工智慧。其次，我們可以主張人工智慧本身具有一種政治地位，而因此我們應該**為人工智慧**，或是至少是某些種類的人工智慧，談論自由、正義、民主和政治權利等等，無論這將意味著什麼。讓我們講述一下這些立場，並指出可供它們進一步發展的理論資源。

人工智慧對非人類和自然環境所造成的影響之政治意義

第一種立場，是對於人工智慧本身的政治地位抱持著不可知論的立場（換句話說，人工智慧是否會把它自己視為需要被納入政治社群之中的一種非人類），但卻主張有鑒於自然實體的政治價值和利益，人工智慧之政治不能再以一種人類中心主義的方式來進行構想了。根據這個立場，人工智慧不應該僅是以人為本（換句話說，以人類的價值和利益為導向），更不用說以資本為核心，而是還應該以像是動物、生態系、和地球等自然實體的價值和利益為導向。這裡的重點不是說動物可以被研究——例如，一些人工智慧的研究者在設計機器人時從生物學中汲取靈感，或是採用其社會組織的方法（Parikka, 2010）——而是說動物也具有它們自身的政治價值和利益，應該要被尊重。那麼，在研發和使用人工智慧的時候，人們就應該考慮到科技對於動物、自然環境和氣候的影響。

這些後果不一定是壞事。人工智慧還有助於解決氣候變遷和其他環境問題，例如，在利用機器學習去分析數據並進行模擬的時候，這可以提升我們對於氣候變遷和環境問題的科學理解，或是在它有助於追蹤非法汲取自然資源的行為的時候。而也許人工智慧還可以協助我們與動物進行相處，例如透過協助管理和保留棲地的方式。但是與此同時，這項科技也可能先導致了以下這些問題，有時候這點是非常清晰可見的。例如，由人工智慧來驅動的家庭個人助理可能會襲擊寵物，或是用它們的語言來混淆動物；用來組織農業和肉品生產的人工智慧可能會系統性地導致對動物的傷害；以及在工業生產中使用的人工智慧可能會對氣候和環境造成有害的效果。而即使所有的這一切原則上都是用戶或觀察者所能看見的，以人為本的政治對於這類情況卻視而不見，因為它在意的是給人類的政治，因此也聚焦在給人類的人工智慧之政治。而向非人類開放政治則能幫助我們揭露、想像、並討論這些問題。

然而，通常對於人工智慧的使用，帶來的是一些在使用時所產生的遙遠且較不明顯的後果。在此一個重要的主題，是人工智慧在能源使用和資源使用方面對於環境和氣候的影響。某些類型的機器學習所需要的計算量急遽上升，而這消耗了大量的能源，且這些能源往往並非來自於可再生能源。例如，用來訓練自然語言處理（NLP）的神經網絡需要使用大量的電力資源，並（因此）產生相當大的碳足跡。訓練單一一個NLP模型所能夠導致的二氧化碳排放量，相當於一輛普通汽車在其使用年限內所產生的二氧化碳排放量的五倍（Strubell, Ganesh, and McCallum, 2019）。目前，研究人員正試圖找到解決這個問題的方法，例如在更少的數據上進行訓練，或甚至減少表示數據所需要的位元數量（Sun et al.,

2020）。諸如Apple和Google等主要的資訊科技公司都已經做出可再生的承諾。然而，大多數的科技公司仍然依賴著石化燃料，於是整個產業產生了一個巨大的全球碳足跡。根據綠色和平組織的一份報告，在二〇一七年，該產業的能源碳足跡已佔全球電力的百分之七，並且預計還會增加（Cook et al., 2017; 另見AI Institute, 2019）。使用串流媒體服務——與人工智慧推薦系統結合——是問題的一部分，因為這需要更多數據。生產使用人工智慧的電子設備也需要汲取原料，而這會對社會和環境產生影響。與殖民主義的歷史形式一樣，「數據殖民主義」（Couldry and Meijas, 2019: xix）與剝削自然資源是相輔相成的：目前對於人類的剝削並不是「代替自然資源」（xix）來發生的，而是在開採自然資源之外並以其為基礎來發生的。因此，人工智慧和其他數位科技的使用並不一定會像某些人希望的那樣導致一種經濟的去物質化（dematerialization of the economy），而是導致更多的消費，從而帶來更多的「生態壓力」（Dauvergne, 2020: 257）。同樣地，監控資本主義不只是關於人類尊嚴的毀滅而已，也有其環境的面向。這些環境和氣候影響在使用時並不那麼明顯，而是通常發生在遠離人工智慧之特定使用的地方，而這個事實並沒有降低它們的政治重要性或是政治麻煩的程度。此外，如前所述，雖然人工智慧能有助於對抗氣候變遷（Rolnick et al., 2019），但這不一定能彌補這裡所指出的問題。

基於這個分析，我們就可以從規範性的角度來主張說，人工智慧在碳足跡和環境方面的影響是在政治上有問題的，原因有二。其一，全球暖化／氣候變遷和自然資源的枯竭會給人類和人類社會帶來後果，而通常人類和人類社會被預設擁有一種政治地位，並且依賴著自然環境和氣候條件。其次，基於關於**非人類**的政治利益、內在價值等方面的論點，我們可以補充說，由於**它們的**政治地位，這也是有問題的。如果特定的動物、生態體系和整個地球都受到人工智慧的影響——要嘛直接透過，例如為人工智慧設備汲取原料，或是由人工智慧來控制對於食用動物的管理，要嘛間接透過人工智慧運作所需要的電力生產，其所導致的碳對於棲地破壞和氣候變遷的多方面影響——那麼這種影響就是政治上有問題的，因為不只是人類，所有這些**動物**、**環境**等等也算是並且應該算是政治上的一部分。

然而，轉向一種非人類中心主義的人工智慧政治的理念，不應該被歸類為僅僅是涉及了像是「非人類」、「氣候」、或是「環境」等的某一種政治價值或是原則；相反地，它與我們在前幾章中所探尋並建構的所有原則和討論產生了共鳴——例如，如果（某些）動物在政治上是算數的，那麼我們也應該考慮**牠們的**自由，討論跨物種正義，詰問這些動物們是否也可以成為民主國家的公民們等等。那麼，人工智慧之政治就不再只以人類為本，而是以我們與其他一些動物們所共享的利益和需求為本，**以及**我們與牠們雖不共享但是在政治上仍然重要的特定利益和需求為本。一種人工智慧政治的非人類中心主義轉向，並不會意味著把動物、環境、和氣候視為一種現存框架的額外考量因素，而是會構成對政治觀念本身的一種根本改變，這種觀念已經擴大到包括非人類及它們的利益。

此外，地緣政治——在此被定義為地球或是星球政治——須要被重新定義，一旦我們把人類給移開。從一種非人類中心主義的視角出發，並與上面提過的後人類主義思想保持協調，那麼就不再適合談論「人類世」，因為它可能意味著人類是中心並控制著一切，或**應該**要是中心並控制著一切。相反地，重要的是去強調我們與許多其他存有共享著地球與這個星球。也許人類已被預設著一種超級能動性，並把地球及其人類和非人類居住者視為他們的太空船，在人工智慧和其他科技的協助下，能夠而且必須對其進行管理，甚至是重新設計——但這正是問題所在，而不是解方。一種非人類中心主義的人工智慧政治會不那麼以技術為中心，並且對這類態度和做事情的方式提出質疑：它會意味著，質疑人工智慧作為我們所有問題的解決方案，至少要考慮到放鬆我們對於地球的掌握，而不是透過人工智慧和數據科學來加強控制。一旦我們質疑科技解決主義（technolutionism）（Morozov, 2013）或是布魯薩德（Meredith Broussard, 2019）所謂的「技術沙文主義」（technochauvinism）——即認為科技永遠是解決方案的信念——我們就不再將人工智慧視為解決我們所有問題的神奇方法，而是會把更多注意力放在人工智慧所能做的侷限是什麼，對於我們和非人類而言。

人工智慧本身的政治地位？

第二種立場並不把人工智慧看成只是為人類甚至是非人類服務的工具而已，還考慮到某些人工智慧系統本身獲得政治地位的可能性，例如以「機械」的形式——不論那意味著什麼。這種想法認為，人工智慧不僅是，或不應該僅是達成政治目的的一種技術手段，一種政治工具，而是它可以不僅是一種工具，即它**本身可以具有政治價值和利益**，而且在某些條件下應該被納入政治社群之中。這裡的主張是，人工智慧政治不應只是人類**為**非人類（和人類）來服務的政治，也應該是**由**非人類來服務的政治——「為誰服務」是一個開放性問題，也可能包括科技上的非人類。

在技術哲學之中，這類問題通常被表述為一種**道德**問題：機械能夠擁有道德地位嗎？在過去二十年間，在人工智慧和機器人技術倫理的社群中對這個主題展開了一場熱烈的辯論（例如，Bostrom and Yudkowsky, 2014; Coeckelbergh, 2014; Danaher, 2020; Darling, 2016; Floridi and Sanders, 2004; Gunkel, 2018; Umbrello and Sorgner, 2019）。但是這類實體的**政治**地位是什麼呢？它們的政治權利、它們的自由、它們的公民身分、我們與它們之間如何關聯的正義問題等等，又是什麼呢？

有幾條有趣的路徑能夠探索在這個方向上的一些主張和論證。第一條路是從關於機器的道德地位的辯論中學習；關於政治地位的一些討論也可能反映這方面的討論主題。例如，那些主張人工智慧缺乏像是意識或是承受痛苦的能力等特性而不願意賦予其道德地位的人們，也可能會使用相同的論證來拒絕人工智慧的政治地位。其他人可以爭辯說，這類內在屬性對於政治地位來說並不重要，而毋寧是關係性或是社群性維度才是關鍵：如果我們以社會和社群的方式來跟人工智慧建立連結，這難道不足以給予這些實體某種政治地位嗎？例如，貢克爾（David Gunkel, 2018）和我（Coeckelbergh, 2014）都曾對依據內在屬性來賦予政治地位的說法提出質疑，並建議說，如何劃定界線是一個須要（重新）協商的政治問題，並且與人類的排斥和權利的歷史相關，這應該讓我們現在對於賦予其他實體道德地位的這件事抱持著謹慎態度。**更不用說**，政治地位也是如此。是不是該重新討論將機器排除在政治之外的問題？一個與政治地位同樣相關的區分在於道德能動性（moral agency）和道德容受性（moral patiency）之間的區分：道德能動性是關於人工智慧（不）應該對其他人做些什麼，而道德容受性則是關於可以對人工智慧做些什麼。而在人工智慧的政治能動性和人工智慧的政治容受性之間，也可以作出一個相似的區分。例如我們可以問說，人工智慧是否具備政治判斷和參與（能動性）所需的特性，或是在某些條件下（容受性），人工智慧在政治上**所應做的事情**是什麼。

經由聚焦在權利的概念上，可以在這個關於道德地位和政治（和法律）哲學的討論之間建立一個有趣的連結。貢克爾的《機器人權利》（*Robot Rights*, 2018）從機器人的道德和法律地位檢視它們的社會處境，該書是這項練習的一個絕佳起點。除了對機器人權利的不同立場提供了一個有益的分類之外，貢克爾還超越了人類中心主義，指出權利不必然意味著**人**權，以及我們以往總是錯誤地相信，當使用「權利」一詞時，我們知道自己在談論些什麼。存在著不同類型的權利，諸如特權、主張、權力，和豁免。雖然大多數人將拒絕把人權給予機器或是人工智慧，但我們可以使用這種分析，並嘗試為機器爭取一種低於人權或是不同於人權的特定類型的權利，並考慮它們的政治重要性。認識到權利不一定要是人權或是人類層次的權利，為進行這樣的論述開闢了一些空間。然而，這一類計畫不只會遭受那些本來反對機器人權利想法的人們的拒絕，它也可能面臨關係性的反對意見。與批判後人類主義和後現代主義一致，可以說（Coeckelbergh, 2014; Gunkel, 2018），這種推理本身構成了一種總體化哲學（totalizing philosophy），它將道德和政治哲學置於一種平台上，從這個平台上對實體進行分類並賦予權利——道德的和政治的。也須要注意的是，藉著羅馬法以賦予機器人與奴隸相當的政治地位，或是更廣泛地以羅馬法中的權利和公民身分類別為藍本來建立一種政治權利的框架，同樣會產生問題，如果不是更多問題的話——從一種馬克思主義、後殖民主義、和認同政治的觀點來看也是如此（參見第三章）。

另一條路徑是從有關動物和環境的政治地位的論點，並嘗試把它們應用在人工智慧上，例如那些把政治地位與合作或是內在價值連結起來的論點（參見本章的第一節）。如果在動物的案例中，意識或是知覺能力被視為一種內在屬性，值得獲取道德或是政治地位，那麼如果一個人工智慧實體表現出相同屬性的話，我們就必須給予它相同的地位。如果人工智慧像一些動物一樣，被視為擁有利益或是在一項合作計畫中作為一位合作夥伴來行動，那麼，例如根據唐納森與金里卡（2011）的論點，即使人工智慧沒有意識或是知覺能力，它也可以被視為是具有政治地位的（但要注意的是，關於什麼才算是知覺能力，還存在相當多的爭論）。如果某種非人類實體，諸如河流或是岩石，能夠基於它們的內在價值而被授予政治地位而無須擁有意識或感知能力的話，那麼一些類型的人工智慧或是人工智慧的「生態系」是否也可以獲得一個類似的地位，特別是如果它們被一個特定社群視為是神聖或特別有價值的？此外，有鑒於合成生物學和生物工程的可能性，在生命實體和非生命實體之間的界限正在變得愈來愈模糊，科學家的實驗室正生產著混合體：存在於有機體和人造實體之間。在未來，我們可以會有更多的「合成有機體」（synthetic organisms）和「活機器」（living machines）（Deplazes and Huppenbauer, 2009），例如生物工程師嘗試製造可編程細胞，該細胞看似有生命，但它們同時也是機器，因為它們是被設計出來的。如果人工智慧朝著「生命」的方向發展（例如，成為一個「活機器」），而如果生命本身就被視為是政治地位的一個充分條件的話（例如，政治容受性），那麼人工智慧至少在某種程度上會滿足與（其他）生命體具有相同的政治地位的條件。那麼，「生命」這個範疇究竟有多重要？如果物種和特定的自然環境它們本身是有價值的，而且如果正如一些環境主義者所主張的那樣，足以構成政治權利的話，那麼「人造物種」（artificial species）和「人造環境」（artificial environments）（Owe, Baum, and Coeckelbergh, forthcoming）是否也應該在政治上受到保護，如果它們滿足了類似的功用並且被視為是具有內在價值的話？後人類主義者或許也可以歡迎各種混合體加入到政治社群之中，對他們來說，活機器和人造生命不是個問題，反而堅持舊有的生命／非生命的二元論才是有問題的；而破壞這種二元論和邊界的穩定性，是他們的哲學計畫，乃至於**政治**計畫的一部分。

就像一些關於機器的道德地位的論點一樣，一些關於政治地位的論點可能也受到近期人工智慧成功超越人類的鼓舞（例如，在國際象棋和圍棋上），並且可以假定在未來，人類可以發展出通用人工智慧（artificial general intelligence, AGI）或是超級智慧（artificial superintelligence, ASI）。超人類主義者，諸如博斯特羅姆（2014）、庫茲威爾（2005）、和莫拉維克（Hans Moravec, 1988）等人認真考慮了這種可能性，並討論了出現超越人類的智慧、殖民地球然後擴散到宇宙中的場景。在這種情況下，政治問題不僅涉及這些超級智慧實體的政治地位（作為政治能動者或是容受者），還涉及人類的政治地位：超級智慧會從人類手中接管政治權力嗎？這對於人類的政治地位來說意味著什麼？人類是否將成為人工智慧的奴隸，就像一些動物現在是人類的奴隸一樣？人類是否將被用作生物素材或是能源的來源（就像我們現在對一些植物或是動物所做的那樣——參見電影《駭客任務》（*The Matrix*）），或是被上傳到數位領域之中？人類還會存在嗎？人類的生存風險是什麼（Bostrom, 2014），這裡使用的「生存」是指人類有可能被毀滅？我們能否給予人工智慧一個與人類的目標相符的目標，或是它將改變這些目標，並追求它自身的利益，而不是人類的利益？諸如休斯（James Hughes, 2004）等超人類主義者偏好第一個選項，他們（相對於後人類主義者）的目標不僅在於延續和激化啟蒙運動，而且要延續並激化人文主義和民主，即使人類要被徹底改變（Ferrando, 2019: 33）。其他人則相信，人類必須被徹底超越，而我們最好讓出空間給比我們更聰明的存在。不論如何，超人類主義者都同意，人工智慧等等的科技而非教育與人類文化，將會且應該會創造出更好的人類和超越人類的存在，而這將對於人類整體產生政治影響，因為在某種意義上來說，它將很有可能轉變人類（如果還存在著的話）與強化了的人工智慧或超級智慧本身之間的權力平衡。屆時，民主和其他舊制度可能就不再需要了，如同哈拉瑞（2015）所提議的那樣。而雖然大多數的超人類主義者花比較少時間去思考對具體的人類與人類社會更直接的政治影響，但也有明確政治化並關注當下的超人類主義分支，範圍從自由主義（佐爾坦．伊斯特凡〔Zoltan Istvan〕，他曾在二〇一六年的大選中競選美國總統）到民主派和左派，呼籲關注社會議題。

另一個較不具未來感，但早就與今日息息相關的討論是，人工智慧在政治和治理中作為一個政治能動者的角色。再次考慮一下政治專業和領導的議題：政治需要什麼樣的判斷力和能力，以及我們能夠如何平衡技術官僚制和民主制呢？如果人類將他們的判斷力應用在具有挑戰性的政治議題，而如果這種能力與他們的自主性和規範性地位有關的話，那麼人工智慧可否也發展出這一類判斷力，從而獲得政治能動性呢？人工智慧**有辦法**從人類手中接管政治嗎？它是否具備政治領導所需要的知識、專業和技能呢？人工智慧在政治中的這種角色是否會與民主相容呢？這裡的其中一些問題已經在第四章討論過了，但是我們現在關注的不再僅是人工智慧在知識、技術官僚制和民主方面的工具性角色，而是它是否以及如何能夠獲取其自身的政治能動性。

為了要回答這個問題，人們可以回過頭來討論非人類的道德地位，特別是非人類的道德能動性（例如再次參見 Floridi and Sanders），但是人們也可以透過再次考慮後人類主義關於非人類的思考（拉圖）來詳細闡述這個討論，或是像第四章那樣，透過參考關於領導力和公民身分的政治理論、關於是否需要理性能力、情感的角色是什麼、政治的專業知識是什麼等等的說法。例如，思索一下鄂蘭的警告，常識、思考、判斷在政治中是必要的；以我在第二章和第四章中的建議，人們可以對人工智慧能否獲得這些能力提出質疑。

而除了「能否」的問題，當然還有「應不應該」的問題。很少有作者公開展現對人工智慧技術官僚制的可能性的熱衷；即使是在超人類主義的文獻中，技術官僚制有時候也會遭受拒斥。最為突出的是休斯在《公民賽博格》（*Citizen Cyborg*, 2004）一書中的主張，即科技應該在我們的民主掌控之下，除了理性、科學、科技，我們還需要民主。不僅如此，休斯敦促說，科技對於自然的掌控「須要徹底地民主化」（3）。他呼籲一種民主形式的超人類主義和超級智慧：我們將誕生出其他形式的智慧，但是現在我們應該「終結戰爭、不平等、貧窮、疾病和不必要的死亡」，因為這將決定了那個超人類主義未來的樣態（xx）。此外，現在的人類將會設計人類未來會是如何的這個想法，揭開了與此時此刻相關的世代間正義（transgenerational justice）的議題：我們是否想要承擔起這類的責任？然而，許多超人類主義者更偏好聚焦在遙遠的未來，一個不一定會發生在地球上、也不一定發生在我們所知的人類身上的未來。如今，諸如伊隆・馬斯克（Elon Musk）和傑夫・貝佐斯（Jeff Bezos）等科技億萬富翁，似乎都支持著這樣的願景，並擬定殖民太空的計畫。

一些後人類主義理論觸及了機器的政治地位，以及把政治社群擴大到機器的想法。在前一節中，我已經提過哈拉維如何主張一種跨越有機體／機器界限以及生物物種／技術界限的政治，反對霸權秩序和二元對立。這不只關係到動物的政治地位，也關係到機器的政治地位。那個賽博格的隱喻旨在解構人類／機器的二元論。哈拉維表達了一種後人類主義和「一種女性主義政治，擁抱著其與新科技的糾纏」（Atanasoski and Vora, 2019: 81）；然而，這裡也是，重點不只是我們須要以不同的方式來思考科技，我們也須要重新思考人類和政治。格雷（Chris Hables Gray）在《賽博格公民》（*Cyborg Citizen*, 2000）一書中，延續了哈拉維的賽博格想像，這個詞指稱的是人類作為一個物種持續對他們自己進行科技改造；在這個意義上，我們是賽博格。那問題便是：一個「賽博格社會」（2）會意味著什麼？在「電子複製的時代」（21）中，公民權能意味著什麼？作者聲稱，科技就是政治性的，並且科技秩序必須要變得更民主（198）。既然知識就是力量，賽博格公民就須要擁有資訊來進行治理。在新科技被開發的同時，我們也需要新的政治體制。

就像哈拉維一樣，巴拉德（Karen Barad, 2015）也對新的政治想像感到興趣。借用雪萊（Mary Shelley）的《科學怪人》（*Frankenstein*）以及酷兒（queer）和跨性別理論，她主張怪物可以邀請我們探索新的生成和親緣關係的形式（410），並想像一種與非人類及後人類的他者的融合。在《半路遇上宇宙》

（*Meeting the Universe Halfway*, 2007）中，她質疑了把世界劃分為像是社會和自然等類別的做法；她以量子力學作為她隱喻的一個來源，認為我們應該要「將社會和自然一同理論化」（24-5）。她嘗試用她的現實主義版本來實現這點，亦即能動現實主義（agential realism），而這也回應了對於論述實踐的一種展演性理解（再次參見巴特勒）。根據巴拉德的說法，存在著人類與非人類形式的兩種能動性，她將此與受到傅柯和巴特勒所啟發的權力概念連結起來，但是她也談到了由機器能動性來重新配置的生產關係。機器和人類經由「能動性的特定交纏」而浮現（239），它們彼此相互構成。在其他地方，巴拉德（2003）批判了表徵主義（representationalism），並將其與政治個人主義（political individualism）聯繫起來；她的替代方案是後人類主義展演性（posthumanist performativity）的概念，這個概念對像是人類／非人類（808）或是社會／物質等範疇提出了質疑，並且不僅將權力理解為社會的，還是在物質化中發揮作用的（810）。人類與非人類的身體都是透過展演性和「能動者的內部行動」來「成為物質」的（823-4）。

基於這種取徑，在前幾章中討論的許多現象都可以被重新表述為不僅涉及人類，也涉及非人類。偏見、不平等、極權主義形式的控制和監控，它們的產生可以被理論化為不僅依賴人類，也依賴著非人類，包括科技和制度。例如，受到德勒茲和瓜塔里的影響，哈格帝（Kevin D. Haggerty）與艾利森（Richard V. Ericson）（2000）曾主張說，與其使用全景式監獄的隱喻來描述當代的監控，我們應該使用「監控集合」（surveillant assemblage）一詞，因為它既涉及人類，也涉及非人類。

在關於人工智慧的人類／非人類二元論上，另一種有點像後人類主義並且當然是解構主義式（deconstructivist）的取徑則是說，去質疑人類／人工智慧的區分並不是在質疑這兩個已被定型的語彙；而是說在過程中，這兩個語彙也會發生變化。當我們討論人工智慧的意涵是什麼的時候，我們不只是在討論一種科技，我們也是在使用和討論一種隱喻：使用「人工智慧」這個術語，依賴於一種與人類智慧的比較。而現在，隱喻往往會改變它們所連結的那兩個術語。受到呂格爾（Paul Ricoeur）對於隱喻的觀點之影響，特別是在他的「謂詞同化」（predicative assimilation）一詞中所說明的隱喻產生了「在隱喻連結之前並不存在的新的相似性結合」（Ricoeur, 1978: 148），珍妮佛．李（2018: 10-11）辨識出一種在人類與機器之間關於人工智慧方面的「隱喻崩塌」（metaphoric collapse）：人工智慧的擬人化（anthropomorphization）創造出一個在人性化之前並不存在的人類。換句話說，人工智慧不僅讓我們以不同的方式來思考機器，也讓我們以不同的方式來思考人類。而這也具有政治意義。遵循李的說法，我們可以說，決定如何形塑人類與人工智慧之間的關係是一種權力行動；在這個意義上來說，「人工智慧」一詞的創造和使用的本身，就是一種政治行動。隱喻還能促進特定的信念，例如布魯薩德（2019）曾主張說，「機器學習」一詞就暗示了電腦具有能動性並且是有知覺的，因為它們學習著。這一類的「語言混淆」（linguistic confusion）（89）也可以被視為一種（展演性的）權力行使。

有時候，後人類主義與政治理論有著一個明確的關聯。柔爾科斯（Magdalena Zolkos, 2018）認為在政治理論中的一種後人類主義轉向（a posthuman turn）意味著一種對政治進行非人類中心主義的理論化。這意味著，在其他事情之外，思考生物有機體和機器的時候都須要將它們的政治能動性來納入考量。例如，拉扎拉托（Maurizio Lazzarato, 2014）把象徵（符號）和科技（機器）結合在一起，機器是社會行動者，而巨型機器（mega-machines）（一個取自技術哲學家劉易斯·芒福德〔Lewis Mumford〕的術語）則是包括人類、非人類動物、和無生命物體在內的集合。拉扎拉托主張說，在晚期資本主義中，人類受制於巨型機器的運作，屆時政治就不只是人類的問題而已，而且還意外地發生在（巨型）機器內部，其中人類、機器、物體、符號都是能動者，而主體性是經由它們來產生的。隨著機器們「建議、使能夠、徵求、促使、鼓勵和禁止某些行動」（30），它們建立了權力關係——傅柯所理論化的那種權力關係。拉扎拉托特別看見了機器**奴役**：「科學、經濟、通訊網路、和福利國家在其中進行運作的模式」（31）。他批判了新自由主義，並且從中斷性事件（interruptive events）中看見了基進政治改革的可能性。

但是，超人類主義甚至是後人類主義能否充分支持這類改革，並承擔起一種批判性角色呢？從批判理論的觀點來看，人們可以把關於人工智慧的道德和政治地位的這整個討論看作是科幻小說的敘事和展演，這些敘事和展演有可能支持人工智慧的使用和發展，透過資本主義剝削的手段來為少數創造利潤。在先前關於權力的章節中，我舉了人形機器人蘇菲亞的例子：它的展演和敘事訴諸於政治地位（公民身分）的想法，但是——一位批判理論家可能會如此說——這實際上是為了創造利潤和積累資本。我們絕對應該要討論人工智慧對於人類的影響，或許也包括對非人類的影響；但談及人工智慧（作為能動者或是容受者）的政治地位，可能會分散人們對於資本主義剝削形式的注意力，而這種剝削形式對人們以及地球（的其他部分）是不好的。

最後，如同後人類主義者、環境主義者、女性主義者所提醒我們的那樣，談論「人」的未來和我們與「自然」的關係，或甚至是談論非人類、機器「他者」（如同在一些後人類主義者的作品中），很可能會分散我們對家庭和個人領域的政治的注意力：與「大」政治相連的「小」政治。我們在日常生活中與人工智慧以及彼此之間的互動也是政治性的（正如前幾章關於平等和權力的討論所示，我們如何定義「我們」，也是政治性的）。人工智慧之政治，深入影響著你我使用科技所做的一切，無論是在家、在工作場所或朋友相處等等，且反過來形塑著那種政治。也許這才是人工智慧的真實力量：透過我們在智慧型手機以及我們在日常生活（世界）中的其他螢幕上所做的一切，我們實際上把權力賦予了人工智慧以及那些利用它來進行資本積累、支持特定的霸權社會結構、強化二元對立並否認多元性的人們。從這個意義上來說，「數據也是新的石油」：如果我們不使用，如果我們不沉迷，數據和石油就都不會這麼重要。再一次，人工智慧以及人工智慧之政治都是關於人的——尤其是關於那些想要讓我們沉迷其中的人。但與此同時，這也為抵抗與改變開啟了可能性。

結論：政治技術

我們迄今在本書所做的事，以及我們能得出什麼結論

針對人工智慧和相關科技所提出的規範性問題，本書已經論證說，在從實踐哲學中使用資源的時候，不僅要從倫理學，還要從政治哲學才有幫助。在每一章中，我都提出了如何在人工智慧和政治哲學之間架起橋梁的建議，透過聚焦在具體的政治原則和問題，並將它們與人工智慧連結在一起。我們目前在政治和社會討論中所關心的議題，諸如自由、種族主義、正義、權力、和（對於）民主（的威脅），在像是人工智慧和機器人技術等科技發展之下，具有一種新的急迫性和意義，而政治哲學可以幫助概念化並加以討論這些議題和意義。本書顯示了，如何有效地使用關於自由、正義、平等、民主、權力、和非人類中心主義政治的這些理論來思考人工智慧。

更精確地說，我已經進行一種雙重的演練。一方面，我展示了來自政治哲學和社會理論的概念和理論是如何能夠幫助我們制定、理解、和應對由人工智慧所引起的規範性政治挑戰，由此勾勒出一種**人工智慧之政治哲學**的輪廓——它像是一種概念工具箱，能夠幫助我們思考關於人工智慧之政治的問題。這並不意味著排他，我歡迎來自其他方向的努力，並且所引用的一些文獻嚴格來說並非來自於

政治哲學。儘管如此，它**提供了一些實質性的建構模組**，**為思考人工智慧的政治面向提供了一個評價性**、**規範性的框架**，這對那些對於人工智慧在研究、高等教育、商業、和政策的規範性面向感到興趣的人們來說可能會有所助益。我希望它的概念性工具和論述不僅是在學術上令人感興趣，還更能指引實際的工作，用來處理人工智慧和人造權力所帶來的挑戰：人工智慧既是技術的，也是**政治的**。

另一方面，除了這種實際的用途之外，在人工智慧之**應用政治哲學**中的這種實踐也具有超越應用的哲學重要性：事實證明，將人工智慧之政治和機器人技術加以概念化，並不是簡單地應用政治哲學和社會理論中的現有概念而已，還是**邀請我們對這些概念和價值本身**（自由、平等、正義、民主、權力、以人為本的政治）**提出質疑**，並且重新審視關於政治之本質及未來的有趣問題。例如，專業知識、理性、和情感在政治中的角色是什麼，並且應該是什麼？而一旦我們質疑了人類的核心和霸權地位後，一種後人類中心主義的政治又意味著什麼？本書顯示，關於人工智慧的討論邀請著——或在另一種意義上「強迫著」我們——重新審視政治哲學的概念和討論，並且最終挑戰我們去質疑人類和人文主義——或至少質疑在這些概念中一些有問題的版本。

有鑒於這種經驗——即對於科技的思考令人發癢，有時候甚至動搖我們對於政治的思考的穩定性——我提議，二十一世紀的政治哲學再也不能，也不應該在不回應有關科技的問題的情況下進行。我們必須**把**政治和技術**結合起來思考**（zusammendenken）：思考一者就不得不思考另一者。這兩種思維領域之間迫切地需要更多對話，並且最終也許應該將兩者融合在一起。

而現在正是我們這麼做的時候。就像所有的哲學一樣，根據黑格爾在一八二〇年在他的《權利哲學大綱》（*Outlines of the Philosophy of Right*）中的說法，哲學是「在思想中理解其自身的時代」（Hegel, 2008: 15），政治哲學應該回應並反映它的時代，並也許除了回應和反映，無法真正超越它的時代。套用黑格爾引用過的那句拉丁格言：這裡是我們必須跳下去的地方；是時候來一次死亡之躍（*salto mortale*）。而我們的時代不只是一個社會、環境、和生存心理動盪和轉變的時代，也是一個像人工智慧的新**科技**與這些改變和發展密切糾纏的時代。這是一個人工智慧的時代。那麼，思考政治的未來，就須要與思考科技及其與政治的關係緊密相連。在這種情況下，人工智慧已經到來，人工智慧（屬於）我們的時代，因此**人工智慧是我們必須跳下和思考的地方**。基於政治哲學以及與之相連的相關理論（例如，關於權力的社會理論、後人類主義理論等等），本書為這種跳躍和思考提供了一些指引。

然而，這只是開始、第一步或是序言而已。本書是關於政治與人工智慧，以及廣泛意義上的政治與技術這一個更大計畫的一個批判性導論。在本書的結尾，請允許我對未來的工作提供一個展望。

下一步該怎麼做：關於政治技術的問題

作為一本導論與哲學著作，本卷的重點一直都是提出問題而不是給予答案。它就政治哲學如何能提供協助提出了建議，這些建議已經發展成一個工具箱和框架，一個有助於討論人工智慧之政治的結構。然而，還需要更多的工作。更確切地說，接下來至少還須要採取兩種措施。

首先，須要進行更多的研究和思考，以便進一步發展該框架。這就像是一個鷹架：它具有支撐性，但是是暫時的，現在需要的是進一步的建構。隨著關於人工智慧之政治的文獻迅速增加，我毫不懷疑，在人工智慧的偏見、科技巨擘的權力、人工智慧與民主等等議題上，將會有更多的建樹。但是，有鑒於這本書的計畫是關於協助人工智慧之政治哲學的誕生，我特別希望：（1）更多**哲學家們**能夠撰寫有關人工智慧之政治的文章（目前，這些文章通常是由來自其他學科的人來撰寫，而且有許多非學術性文章只是淺嘗即止）；（2）透過**政治哲學**和社會理論，更多的工作將得以完成，但在關於人工智慧的規範性思考以及技術哲學之中，政治哲學和社會理論的資源目前尚未得到充分利用，這也許是因為它們不像倫理學那樣為人所熟悉或是那麼受到歡迎。正如一位著名的技術哲學家蘭登・溫納在一九八〇年代曾經指出的那樣：技術是政治性的；他警告說，新科技非但不會帶來更多的民主化和社會平等，反而很可能為那些已經擁有大量權力的人們帶來更多的權力（Winner, 1986: 107）。正如我在書中所展示的，透過使用政治哲學的資源，我們可以進一步發展技術是政治性的這個觀點，並批判地討論像是人工智慧等科技的影響。

其次，如果政治要被定義為某種根據定義就是公眾關注的事情、並且我們都應該參與其中的話，那麼思考人工智慧之政治，也應該在學術界之外進行，應該由所有的利害關係人在各種脈絡下進行。人工智慧之政治不是某種我們應該只在書中進行思考和寫作的東西，它也是某種我們應該**去做**的東西。如果我們拒斥柏拉圖主義的想法，即只有哲學家和專家們才應該進行統治，那麼在人工智慧的背景下的良善社會是什麼，就是我們應該去共同尋找出來的東西：人工智慧之政治是應該被公共討論和參與的，而且這應該以一種包容性的方式來進行。但是，這並不排除哲學以及哲學家的角色：本書所提供的政治哲學概念和理論，可能有助於提升這類公共討論的品質。例如，今日人們常說，人工智慧威脅到民主，但卻不清楚為什麼，以及民主的意涵是什麼。正如我在第四章所說的，政治哲學在技術哲學和媒體哲學的協助下，能夠幫助釐清這點。此外，鑒於本書中指出的一些危險（例如，社會中的偏見與各種形式的歧視；經由社群媒體的同溫層效應和過濾泡泡；極權主義使用人工智慧的危險），我們面臨著**如何**應對這些挑戰以及如何改善討論的挑戰。我們需要什麼樣的程序、基礎設施、知識形式，才能對人工智慧和其他科技進行一種民主且具包容性的討論呢？而實際上，我們（不）需要什麼樣的**科技**，以及我們如何最好地（不）使用它們呢？思考如何以一種民主且具有包容性的方式來進行人工智慧之政治，要先讓我們回到我們應該就民主和政治本身提出的一個基本問題：**怎麼**進行。而如果關於政治的問題和關於技術的問題確實如此關聯，那麼這個問題也可以被表述為：我們需要並且想要什麼樣的**政治技術**？

最後，就本書所使用並回應的標準英語世界的政治哲學而言，所呈現的框架也部分地複製了其偏見、文化政治取向以及局限。例如，我在說英語的政治哲學格局的旅程中所遇到的許多討論，都想當然耳地以美國的政治脈絡和文化為背景，從而忽視了在世界其他地區的其他取徑和脈絡，而且——可以說更糟的是——忽視了**他們的哲學觀點、論證和預設，是如何受到他們自身的政治文化脈絡所形塑**。此外，大多數現代政治哲學都是側重於民族國家的脈絡，未能處理在一個全球脈絡下出現的挑戰。在進一步發展學術界和非學術界對於人工智慧和政治的思考時，至關重要的是在去解決這些議題並且探索人工智慧所帶來的挑戰的同時，把引起這些議題的**全球**脈絡納入考量，並且對於不同民族和文化在思考科技、政治、乃至於人類的方式上的**文化差異**保持足夠的敏銳度。首先，由於人工智慧不會止步於邊界並且有著超越民族國家的影響力，又因為世界上存在著許多不同的人工智慧行動者（不只是美國，還有歐盟、中國等等），因此在全球脈絡下思考人工智慧之政治，或也許去發展一種全球的人工智慧政治，是非常重要的。這一類計畫帶來了挑戰，例如，各種政府間組織和非政府組織已經在擬定應對人工智慧的政策；但是，這種國**際**性的工作——在國家之間——是否足夠，或我們是否需要（更多的）**超**國家的治理形式？我們是否需要新的政治體制、新的政治技術來在全球層次上治理人工智慧呢？**我們需要什麼樣的全球政治技術呢？**

其次，必須牢記的是，本書所提供的文獻反映了特定的政治背景。例如，當尤班克絲（2018）批評以一種特定道德主義的方式來處理貧窮問題時，這個批評是以美國的政治文化為背景來進行的，其他國家不必然共享這種政治文化，而且**那種**政治文化也有其自身的挑戰。思考人工智慧之政治，須要對文化差異的這個維度更加敏銳，尤其是如果它要同時在地方和全球脈絡中變得更有關係性、更富有想像力、更有責任感，以及在實踐上更有相關性。

總結來說，本書不只體現了一種使用政治哲學來思考人工智慧的建議。更廣泛且更具野心的是，它還邀請我們冒著這種，將政治與技術結合起來思考的**死亡**一**躍**的風險，並且以一種回應我們社會和世界正在發生的事情的方式來進行思考。是時候這麼做，而且有必要這麼做，如果我們不走向這條路，我們將無法對於人工智慧等科技已經對我們和對政治所造成的影響保持足夠的批判和反省距離，而我們將成為人工智慧和人造權力的無助受害者。也就是說，我們將成為我們自身和我們社會的受害者，成為那些經由我們自己的允許而回頭統治我們自己的東西——人性——且過於人性的——成為技術、隱喻、二元論與權力結構的受害者。這喚起了反烏托邦的敘事，以及不幸的是，也讓人想起在本書的過程中，一次又一次出現的現實世界的案例：那些故事和案例，展示了關鍵的政治原則和價值是如何受到威脅的。我們可以，也應該要做得更好。對於政治技術的思考，把對於科技的思考、與對於我們社會和全球政治秩序的根本原則和結構的質疑連結起來，能夠幫助我們創造並講述更好、更積極的故事——不是關於遙遠的未來，而是此時此地——關於人工智慧、關於我們、以及關於其他重要的存在和事物的故事。

致謝

我要感謝我的編輯瑪莉・薩維格（Mary Savigar），感謝她的支持以及引導我圓滿完成這本書的計畫；感謝賈斯汀・戴爾（Justin Dyer）的精心編輯；以及札卡里・斯托姆（Zachary Storms）協助與提交書稿有關的組織性工作。我也要感謝匿名審查人的建議，他們的建議幫助我修飾了書稿。特別感謝尤金妮雅・斯坦博利耶夫（Eugenia Stamboliev）協助本書的文獻檢索。最後，我衷心感謝我的家人和朋友，無論遠近，感謝他們在這困難的兩年裡所給予的支持。

參考資料

Aavitsland, V. L. (2019). "The Failure of Judgment: Disgust in Arendt's Theory of Political Judgment." *Journal of Speculative Philosophy* 33(3), pp. 537–50.

Adorno, T. (1983). *Prisms*. Translated by S. Weber and S. Weber. Cambridge, MA: MIT Press.

Agamben, G. (1998). *Homo Sacer: Sovereign Power and Bare Life*. Translated by D. Heller-Roazen. Stanford: Stanford University Press.

AI Institute. (2019). "AI and Climate Change: How They're Connected, and What We Can Do about It." *Medium*, October 17. Available at: https://medium.com/@AINowInstitute/ai-and-climate-change-how-theyre-connected-and-what-we-can-do-about-it-6aa8d0f5b32c

Alaimo, S. (2016). *Exposed: Environmental Politics and Pleasures in Posthuman Times*. Minneapolis: University of Minnesota Press.

Albrechtslund, A. (2008). "Online Social Networking as Participatory Surveillance." *First Monday* 13(3). Available at: https://doi.org/10.5210/fm.v13i3.2142

Andrejevic, M. (2020). *Automated Media*. New York: Routledge.

Arendt, H. (1943). "We Refugees." *Menorah Journal* 31(1), pp. 69–77.

Arendt, H. (1958). *The Human Condition*. Chicago: University of Chicago Press.

Arendt, H. (1968). *Between Past and Future*. New York: Viking Press.

Arendt, H. (2006). *Eichmann in Jerusalem: A Report on the Banality of Evil*. New York: Penguin.

Arendt, H. (2017). *The Origins of Totalitarianism*. London: Penguin.

Asdal, K., Druglitrø, T., and Hinchliffe, S. (2017). "Introduction: The'More-Than-Human' Condition." In K. Asdal, T. Druglitrø, T., and S. Hinchliffe (eds.), *Humans, Animals, and Biopolitics*. Abingdon: Routledge, pp. 1–29.

Atanasoski, N., and Vora, K. (2019). *Surrogate Humanity: Race, Robots, and the Politics of Technological Futures*. Durham, NC: Duke University Press.

Austin, J. L. (1962). *How to Do Things with Words*. Cambridge, MA: Harvard University Press.

Azmanova, A. (2020). *Capitalism on Edge: How Fighting Precarity Can Achieve Radical Change without Crisis or Utopia*. New York: Columbia University Press.

Bakardjieva, M., and Gaden, G. (2011). "Web 2.0 Technologies of the Self." *Philosophy & Technology* 25, pp. 399–413.

Barad, K. (2003). "Posthumanist Performativity: Towards an Understanding of How Matter Comes to Matter." *Signs: Journal of Women in Culture and Society* 28(3), pp.

801–31.

Barad, K. (2007). *Meeting the Universe Halfway: Quantum Physics and the Entanglement of Matter and Meaning*. Durham, NC: Duke University Press.

Barad, K. (2015). "Transmaterialities: Trans*Matter/Realities and Queer Political Imaginings." *GLQ: A Journal of Lesbian and Gay Studies* 21(2–3), pp. 387–422.

Bartneck, C., Lütge, C., Wagner, A., and Welsh, S. (2021). *An Introduction to Ethics in Robotics and AI*. Cham: Springer.

Bartoletti, I. (2020). *An Artificial Revolution: On Power, Politics and AI*. London: The Indigo Press. BBC (2018). "Fitbit Data Used to Charge US Man with Murder." BBC News, October 4. Available at: https://www.bbc.com/news/technology-45745366.

Bell, D. A. (2016). *The China Model: Political Meritocracy and the Limits of Democracy*. Princeton: Princeton University Press.

Benjamin, R. (2019a). *Race After Technology*. Cambridge: Polity.

Benjamin, R. (2019b). *Captivating Technology: Race, Carceral Technoscience, and Liberatory Imagination in Everyday Life*. Durham, NC: Duke University Press.

Berardi, F. (2017). *Futurability: The Age of Impotence and the Horizon of Possibility*. London: Verso.

Berlin, I. (1997). "Two Concepts of Liberty." In: I. Berlin, *The Proper Study of Mankind*. London: Chatto & Windus, pp. 191–242.

Berman, J. (2011). "Futurist Ray Kurzweil Says He Can Bring His Dead Father Back to Life Through a Computer Avatar." *ABC News*, August 10. Available at: https://abcnews.go.com/Technology/futurist-ray-kurzweil-bring-dead-father-back-life/story?id=14267712

Bernal, N. (2020). "They Claim Uber's Algorithm Fired Them. Now They're Taking It to Court." *Wired*, November 2. Available at: https://www.wired.co.uk/article/uber-fired-algorithm

Bietti, E. (2020). "Consent as a Free Pass: Platform Power and the Limits of Information Turn." *Pace Law Review* 40(1), pp. 310–98.

Binns, R. (2018). "Fairness in Machine Learning: Lessons from Political Philosophy." Proceedings of the 1st Conference on Fairness, Accountability and Transparency. *Proceedings of Machine Learning Research* 81, pp. 149–59. Available at: http://proceedings.mlr.press/v81/binns18a.html

Birhane, A. (2020). "Algorithmic Colonization of Africa." *SCRIPTed: A Journal of Law, Technology, & Society* 17(2). Available at: https://script-ed.org/article/algorithmiccolonization-of-africa/

Bloom, P. (2019). *Monitored: Business and Surveillance in a Time of Big Data*. London: Pluto Press.

Boddington, P. (2017). *Towards a Code of Ethics of Artificial Intelligence*. Cham: Springer.

Bostrom, N. (2014). *Superintelligence: Paths, Dangers, Strategies*. Oxford: Oxford University Press.

Bostrom, N., and Yudkowsky, E. (2014). "The Ethics of Artificial Intelligence." In: K. Frankish and W. Ramsey (eds.), *Cambridge Handbook of Artificial Intelligence*. New York: Cambridge University Press, pp. 316–34.

Bourdieu, P. (1990). *The Logic of Practice*. Translated by R. Nice. Stanford: Stanford University Press.

Bozdag, E. (2013). "Bias in Algorithmic Filtering and Personalization." *Ethics and Information Technology* 15(3), pp. 209–27.

Bradley, A. (2011). *Originary Technicity: The Theory of Technology from Marx to Derrida*. Basingstoke: Palgrave Macmillan.

Braidotti, R. (2016). "Posthuman Critical Theory." In: D. Banerji and M. Paranjape (eds.), *Critical Posthumanism and Planetary Futures*. New Delhi: Springer, pp. 13–32.

Braidotti, R. (2017). "Posthuman Critical Theory." *Journal of Posthuman Studies* 1(1), pp. 9–25.

Braidotti, R. (2020). "'We' Are in This Together, but We Are Not One and the Same." *Journal of Bioethical Inquiry* 17(4), pp. 465–9.

Broussard, M. (2019). *Artificial Unintelligence: How Computers Misunderstand the World.* Cambridge, MA: MIT Press.

Bryson, J. J. (2010). "Robots Should Be Slaves." In: Y. Wilks (ed.), *Close Engagements with Artificial Companions. Amsterdam*: John Benjamins Publishing, pp. 63–74.

Butler, J. (1988). "Performative Acts and Gender Constitution: An Essay in Phenomenology and Feminist Theory." *Theatre Journal* 40(4), pp. 519–31.

Butler, J. (1989). "Foucault and the Paradox of Bodily Inscriptions." *Journal of Philosophy* 86(11), pp. 601–7.

Butler, J. (1993). *Bodies That Matter: On the Discursive Limits of "Sex."* London: Routledge.

Butler, J. (1997). *Excitable Speech: A Politics of the Performative*. New York: Routledge.

Butler, J. (1999). *Gender Trouble: Feminism and the Subversion of Identity*. New York: Routledge.

Butler, J. (2004). *Precarious life: The Powers of Mourning and Violence*. London: Verso.

Caliskan, A., Bryson, J. J., and Narayanan, A. (2017). "Semantics Derived Automatically from Language Corpora Contain Human-Like Biases." *Science* 356(6334), pp. 183–6.

Callicott, J. B. (1989). *In Defense of the Land Ethic: Essays in Environmental Philosophy*. Albany: State University of New York Press.

Canavan, G. (2015). "Capital as Artificial Intelligence." *Journal of American Studies* 49(4), pp. 685–709.

Castells, M. (2001). *The Internet Galaxy: Reflections on the Internet, Business, and Society*. Oxford: Oxford University Press.

Celermajer, D., Schlosberg, D., Rickards, L., Stewart-Harawira, M., Thaler, M., Tschakert, P., Verlie, B., and Winter, C. (2021)."Multispecies Justice: Theories, Challenges, and a Research Agenda for Environmental Politics." *Environmental Politics* 30(1–2), pp. 119–40.

Cheney-Lippold, J. (2017). *We Are Data: Algorithms and the Making of Our Digital Selves*. New York: New York University Press.

Chou, M., Moffitt, B., and Bryant, O. (2020). *Political Meritocracy and Populism: Cure or Curse?*. New York: Routledge.

Christiano, T. (ed.) (2003). *Philosophy and Democracy: An Anthology*. Oxford: Oxford

University Press.

Christiano, T., and Bajaj, S. (2021). "Democracy." *Stanford Encyclopedia of Philosophy*. Available at: https://plato.stanford.edu/entries/democracy/

Christman, J. (2004). "Relational Autonomy, Liberal Individualism, and the Social Constitution of Selves." *Philosophical Studies* 117(1–2), pp. 143–64.

Coeckelbergh, M. (2009a). "The Public Thing: On the Idea of a Politics of Artefacts." *Techné* 13(3), pp. 175–81.

Coeckelbergh, M. (2009b). "Distributive Justice and Cooperation in a World of Humans and Non-Humans: A Contractarian Argument for Drawing Non-Humans into the Sphere of Justice." *Res Publica* 15(1), pp. 67–84.

Coeckelbergh, M. (2012). *Growing Moral Relations: Critique of Moral Status Ascription*. Basingstoke and New York: Palgrave Macmillan.

Coeckelbergh, M. (2013). *Human Being @ Risk*. Dordrecht: Springer.

Coeckelbergh, M. (2014). "The Moral Standing of Machines: Towards a Relational and Non-Cartesian Moral Hermeneutics." *Philosophy & Technology* 27(1), pp. 61–77.

Coeckelbergh, M. (2015a). "The Tragedy of the Master: Automation, Vulnerability, and Distance." *Ethics and Information Technology* 17(3), pp. 219–29.

Coeckelbergh, M. (2015b). *Environmental Skill.* Abingdon Routledge.

Coeckelbergh, M. (2017). "Beyond 'Nature'. Towards More Engaged and Care-Full Ways of Relating to the Environment." In: H. Kopnina and E. Shoreman-Ouimet (eds.), *Routledge Handbook of Environmental Anthropology*. Abingdon: Routledge, pp. 105–16.

Coeckelbergh, M. (2019a). *Introduction to Philosophy of Technology*. New York: Oxford University Press.

Coeckelbergh, M. (2019b). *Moved by Machines: Performance Metaphors and Philosophy of Technology*. New York: Routledge.

Coeckelbergh, M. (2019c). "Technoperformances: Using Metaphors from the Performance Arts for a Postphenomenology and Posthermeneutics of Technology Use." *AI & Society* 35(3), pp. 557–68.

Coeckelbergh, M. (2020). *AI Ethics*. Cambridge, MA: MIT Press.

Coeckelbergh, M. (2021). "How to Use Virtue Ethics for Thinking about the Moral Standing of Social Robots: A Relational Interpretation in Terms of Practices, Habits, and Performance." *International Journal of Social Robotics* 13(1), pp. 31–40.

Confavreux, J., and Rancière, J. (2020). "The Crisis of Democracy." *Verso*, February 24. Available at: https://www.versobooks.com/blogs/4576-jacques-ranciere-the-crisis-ofdemocracy

Cook, G., Lee, J., Tsai, T., Kong, A., Deans, J., Johnson, B., and Jardin, E. (2017). *Clicking Clean: Who Is Winning the Race to Build a Green Internet?* Washington: Greenpeace.

Cotter, K., and Reisdorf, B. C. (2020). "Algorithmic Knowledge Gaps: A New Dimension of (Digital) Inequality." *International Journal of Communication* 14, pp. 745–65.

Couldry, N., Livingstone, S., and Markham, T. (2007). *Media Consumption and Public Engagement: Beyond the Presumption of Attention*. New York: Palgrave Macmillan.

Couldry, N., and Mejias, U. A. (2019). *The Costs of Connection: How Data Is Colonizing Human Life and Appropriating It for Capitalism*. Stanford: Stanford University Press.

Crary, J. (2014). *24/7: Late Capitalism and the Ends of Sleep*. London: Verso.

Crawford, K. (2021). *Atlas of AI: Power, Politics, and the Planetary Costs of Artificial Intelligence*. New Haven: Yale University Press.

Crawford, K., and Calo, R. (2016). "There Is a Blind Spot in AI Research." *Nature* 538, pp. 311–13.

Criado Perez, C. (2019). *Invisible Women: Data Bias in a World Designed for Men*. New York: Abrams Press.

Crutzen, P. (2006). "The 'Anthropocene.'" In: E. Ehlers and T. Krafft (eds.), *Earth System*

Science in the Anthropocene. Berlin: Springer, pp. 13–18.

Cudworth, E., and Hobden, S. (2018). *The Emancipatory Project of Posthumanism*. London: Routledge.

Curry, P. (2011). *Ecological Ethics. An Introduction*. Second edition. Cambridge: Polity.

Dahl, R.A. (2006). *A Preface to Democratic Theory*. Chicago: University of Chicago Press.

Damnjanović, I. (2015). "Polity without Politics? Artificial Intelligence versus Democracy: Lessons from Neal Asher's Polity Universe." *Bulletin of Science*, Technology & Society 35(3–4), pp. 76–83.

Danaher, J. (2020). "Welcoming Robots into the Moral Circle: A Defence of Ethical Behaviorism." *Science and Engineering Ethics* 26(4), pp. 2023–49.

Darling, K. (2016). "Extending Legal Protection to Social Robots: The Effects of Anthropomorphism, Empathy, and Violent Behavior towards Robotic Objects." In: R. Calo, A. M. Froomkin, and I. Kerr (eds.), *Robot Law*. Cheltenham: Edward Elgar Publishing, pp. 213–32.

Dauvergne, P. (2020). "The Globalization of Artificial Intelligence: Consequences for the Politics of Environmentalism." *Globalizations* 18(2), pp. 285–99.

Dean, J. (2009). *Democracy and Other Neoliberal Fantasies: Communicative Capitalism and*

Left Politics. Durham, NC: Duke University Press.

Deleuze, G., and Guattari, F. (1987). *A Thousand Plateaus: Capitalism and Schizophrenia. Translated by B. Massumi*. Minneapolis: University of Minnesota Press.

Dent, N. (2005). *Rousseau*. London: Routledge.

Deplazes, A., and Huppenbauer, M. (2009). "Synthetic Organisms and Living Machines." *Systems and Synthetic Biology* 3(55). Available at: https://doi.org/10.1007/s11693-009-9029-4

Derrida, J. (1976). *Of Grammatology*. Translated by G. C. Spivak. Baltimore, MD: Johns Hopkins University Press.

Derrida, J. (1981). "Plato's Pharmacy." In J. Derrida, *Dissemination*. Translated by B. Johnson. Chicago: University of Chicago Press, pp. 63–171.

Detrow, S. (2018). "What Did Cambridge Analytica Do during the 2016 Election?" *NPR*, March 21. Available at: https://text.npr.org/595338116

Dewey, J. (2001). *Democracy and Education*. Hazleton, PA: Penn State Electronic Classics Series.

Diamond, L. (2019). "The Threat of Postmodern Totalitarianism." *Journal of Democracy* 30(1), pp. 20–4.

Dignum, V. (2019). *Responsible Artificial Intelligence*. Cham: Springer.

Dixon, S. (2007). *Digital Performance: A History of New Media in Theater, Dance, Performance Art, and Installation*. Cambridge, MA: MIT Press.

Djeffal, C. (2019). "AI, Democracy and the Law." In: A. Sudmann (ed.), *The Democratization of Artificial Intelligence: Net Politics in the Era of Learning Algorithms*. Bielefeld: Transcript, pp. 255–83.

Donaldson, S., and Kymlicka, W. (2011). *Zoopolis: A Political Theory of Animal Rights*. New York: Oxford University Press.

Downing, L. (2008). *The Cambridge Introduction to Michel Foucault*. New York: Cambridge University Press.

Dubber, M., Pasquale, F., and Das, S. (2020). *The Oxford Handbook of Ethics of AI*. Oxford: Oxford University Press.

Dworkin, R. (2011). *Justice for Hedgehogs*. Cambridge, MA: Belknap Press.

Dworkin, R. (2020). "Paternalism." *Stanford Encyclopedia of Philosophy*. Available at: https://plato.stanford.edu/entries/paternalism/

Dyer-Witheford, N. (1999). *Cyber-Marx: Cycles and Circuits of Struggle in High-Technology Capitalism*. Urbana: University of Illinois Press.

Dyer-Witheford, N. (2015). *Cyber-Proletariat Global Labour in the Digital Vortex*. London: Pluto Press.

Dyer-Witheford, N., Kjøsen, A. M., and Steinhoff, J. (2019). *Inhuman Power: Artificial Intelligence and the Future of Capitalism*. London: Pluto Press.

El-Bermawy, M. M. (2016). "Your Filter Bubble Is Destroying Democracy." *Wired*, November 18. Available at: https://www.wired.com/2016/11/filter-bubble-destroying-democracy/

Elkin-Koren, N. (2020). "Contesting Algorithms: Restoring the Public Interest in Content Filtering by Artificial Intelligence." *Big Data & Society* 7(2). Available at: https://doi.org/10.1177/2053951720932296

Eriksson, K. (2012). "Self-Service Society: Participative Politics and New Forms of Governance." *Public Administration* 90(3), pp. 685–98.

Eshun, K. (2003). "Further Considerations of Afrofuturism." *CR: The New Centennial Review* 3(2), pp. 287–302.

Estlund, D. (2008). *Democratic Authority: A Philosophical Framework*. Princeton: Princeton University Press.

Eubanks, V. (2018). *Automating Inequality: How High-Tech Tools Profile, Police, and Punish the Poor*. New York: St. Martin's Press.

Farkas, J. (2020). "A Case against the Post-Truth Era: Revisiting Mouffe's Critique of Consensus-Based Democracy." In: M. Zimdars and K. McLeod (eds.), *Fake News: Understanding Media and Misinformation in the Digital Age*. Cambridge, MA: MIT Press, pp. 45–54.

Farkas, J., and Schou, J. (2018). "Fake News as a Floating Signifier: Hegemony, Antagonism and the Politics of Falsehood." *Javnost – The Public* 25(3), pp. 298–314.

Farkas, J., and Schou, J. (2020). *Post-Truth, Fake News and Democracy: Mapping the Politics of Falsehood*. New York: Routledge.

Feenberg, A. (1991). *Critical Theory of Technology*. Oxford: Oxford University Press.

Feenberg, A. (1999). *Questioning Technology*. London: Routledge.

Ferrando, F. (2019). *Philosophical Posthumanism*. London: Bloomsbury Academic.

Floridi, L. (2013). *The Ethics of Information*. Oxford: Oxford University Press.

Floridi, L. (2014). *The Fourth Revolution*. Oxford: Oxford University Press.

Floridi, L. (2017). "Roman Law Offers a Better Guide to Robot Rights Than Sci-Fi." *Financial Times*, February 22. Available at: https://www.academia.edu/31710098/Roman_law_offers_a_better_guide_to_robot_rights_than_sci_fi

Floridi, L., and Sanders, J. W. (2004). "On the Morality of Artificial Agents." *Minds & Machines* 14(3), pp. 349–79.

Fogg, B. (2003). *Persuasive Technology: Using Computers to Change What We Think and Do*. San Francisco: Morgan Kaufmann.

Ford, M. (2015). *The Rise of the Robots: Technology and the Threat of a Jobless Future*. New York: Basic Books.

Foucault, M. (1977). *Discipline and Punish: The Birth of the Prison*. Translated by A. Sheridan. New York: Vintage Books.

Foucault, M. (1980). *Power/Knowledge: Selected Interviews and Other Writings 1972–1977*. Edited by C. Gordon, translated by C. Gordon, L. Marshall, J. Mepham, and K. Soper. New York: Pantheon Books.

Foucault, M. (1981). *History of Sexuality: Volume 1: An Introduction*. Translated by R. Hurley. London: Penguin.

Foucault, M. (1988). "Technologies of the Self". In: L. H. Martin, H. Gutman, and P. H. Hutton (eds.), *Technologies of the Self: A Seminar with Michel Foucault*. Amherst: University of Massachusetts Press, pp. 16–49.

Frankfurt, H. (2000). "Distinguished Lecture in Public Affairs: The Moral Irrelevance of

Equality." *Public Affairs Quarterly* 14(2), pp. 87–103.

Frankfurt, H. (2015). *On Inequality*. Princeton: Princeton University Press.

Fuchs, C. (2014). *Social Media: A Critical Introduction*. London: Sage Publications.

Fuchs, C. (2020). *Communication and Capitalism: A Critical Theory*. London: University of Westminster Press.

Fuchs, C., Boersma, K., Albrechtslund, A., and Sandoval, M. (eds.) (2012). *Internet and Surveillance: The Challenges of Web 2.0 and Social Media*. London: Routledge.

Fukuyama, F. (2006). "Identity, Immigration, and Liberal Democracy." *Journal of Democracy* 17(2), pp. 5–20.

Fukuyama, F. (2018a). "Against Identity Politics: The New Tribalism and the Crisis of Democracy." *Foreign Affairs* 97(5), pp. 90–115.

Fukuyama, F. (2018b). *Identity: The Demand for Dignity and the Politics of Resentment*. New York: Farrar, Straus and Giroux.

Gabriels, K., and Coeckelbergh, M. (2019). "Technologies of the Self and the Other: How Self-Tracking Technologies Also Shape the Other." *Journal of Information, Communication and Ethics in Society* 17(2).Available at: https://doi.org/10.1108/JICES-12-2018-0094

Garner, R. (2003). "Animals, Politics, and Justice: Rawlsian Liberalism and the Plight of Non-Humans." *Environmental Politics* 12(2), pp. 3–22.

Garner, R. (2012). "Rawls, Animals and Justice: New Literature, Same Response." *Res Publica* 18(2), pp. 159–72.

Gellers, J. C. (2020). "Earth System Governance Law and the Legal Status of Non-Humans in the Anthropocene." *Earth System Governance* 7. Available at: https://doi.org/10.1016/j.esg.2020.100083

Giebler, H., and Merkel, W. (2016). "Freedom and Equality in Democracies: Is There a Trade-Off?" *International Political Science Review* 37(5), pp. 594–605.

Gilley, B. (2016). "Technocracy and Democracy as Spheres of Justice in Public Policy." *Policy Sciences* 50(1), pp. 9–22.

Gitelman, L., and Jackson, V. (2013). "Introduction." In L. Gitelman(ed.), *"Raw Data" Is an Oxymoron*. Cambridge, MA: MIT Press, pp. 1–14.

Goodin, R. E. (2003). *Reflective Democracy*. Oxford: Oxford University Press.

Gorwa, R., Binns, R., and Katzenbach, C. (2020). "Algorithmic Content Moderation: Technical and Political Challenges in the Automation of Platform Governance." *Big Data & Society* 7(1). Available at: https://doi.org/10.1177/2053951719897945.

Granka, L. A. (2010). "The Politics of Search: A Decade Retrospective." *The Information Society Journal* 26(5), pp. 364–74.

Gray, C. H. (2000). *Cyborg Citizen: Politics in the Posthuman Age*. London: Routledge.

Gunkel, D. (2014). "A Vindication of the Rights of Machines." *Philosophy & Technology* 27(1), pp. 113–32.

Gunkel, D. (2018). *Robot Rights*. Cambridge, MA: MIT Press.

Habermas, J. (1990). *Moral Consciousness and Communicative Action*. Translated by C. Lenhart and S. W. Nicholson. Cambridge, MA: MIT Press.

Hacker, P. (2018). "Teaching Fairness to Artificial Intelligence: Existing and Novel Strategies against Algorithmic Discrimination under EU Law." *Common Market Law Review* 55(4), pp. 1143–85.

Haggerty, K., and Ericson, R. (2000). "The Surveillant Assemblage." *British Journal of Sociology* 51(4), pp. 605–22.

Han, B.-C. (2015). *The Burnout Society*. Stanford: Stanford University Press.

Harari, Y. N. (2015). *Homo Deus: A Brief History of Tomorrow*. London: Harvill Secker.

Haraway, D. (2000). "A Cyborg Manifesto." In: D. Bell and B. M. Kennedy (eds.), *The Cybercultures Reader*. London: Routledge, pp. 291–324.

Haraway, D. (2003). *The Companion Species Manifesto: Dogs, People, and Significant Otherness*. Chicago: Prickly Paradigm Press.

Haraway, D. (2015). "Anthropocene, Capitalocene, Plantationocene, Chthulucene: Making Kin." *Environmental Humanities* 6, pp. 159–65.

Haraway, D. (2016). *Staying with the Trouble: Making Kin in the Chthulucene*. Durham, NC: Duke University Press.

Hardt, M. (2015). "The Power to Be Affected." *International Journal of Politics*, Culture, and Society 28(3), pp. 215–22.

Hardt, M., and Negri, A. (2000). *Empire*. Cambridge, MA: Harvard University Press.

Harvey, D. (2019). *Marx, Capital and the Madness of Economic Reason*. London: Profile Books.

Hegel, G. W. F. (1977). *Phenomenology of Spirit*. Translated by A. V. Miller. Oxford: Oxford University Press.

Hegel, G. W. F. (2008). *Outlines of the Philosophy of Right*. Translated by T. M. Knox. Oxford: Oxford University Press.

Heidegger, M. (1977). *The Question Concerning Technology and Other Essays*. Translated by W. Lovitt. New York: Garland Publishing.

Helberg, N., Eskens, S., van Drunen, M., Bastian, M., and Moeller, J. (2019). "Implications of AI-Driven Tools in the Media for Freedom of Expression." *Institute for Information Law* (IViR). Available at: https://rm.coe.int/coe-ai-report-final/168094ce8f

Heyes, C. (2020). "Identity Politics." *Stanford Encyclopedia of Philosophy*. Available at: https://plato.stanford.edu/entries/identity-politics/

Hildebrandt, M. (2015). *Smart Technologies and the End(s) of Law: Novel Entanglements of Law and Technology*. Cheltenham: Edward Elgar Publishing.

Hildreth, R.W. (2009). "Reconstructing Dewey on Power." *Political Theory* 37(6), pp. 780–807.

Hill, K. (2020). "Wrongfully Accused by an Algorithm." *The New York Times*, 24 June.

Hobbes, T. (1996). *Leviathan*. Oxford: Oxford University Press.

Hoffman, M. (2014). *Foucault and Power: The Influence of Political Engagement on Theories of Power*. London: Bloomsbury.

Hughes, J. (2004). *Citizen Cyborg: Why Democratic Societies Must Respond to the Redesigned Human of the Future*. Cambridge, MA: Westview Press.

ILO (International Labour Organization) (2017). *Global Estimates of Modern Slavery*. Geneva: International Labour Office. Available at: https://www.ilo.org/global/

publications/books/WCMS_575479/lang--en/index.htm

Israel, T. (2020). *Facial Recognition at a Crossroads: Transformation at our Borders & Beyond.* Ottawa: Samuelson-Glushko Canadian Internet Policy & Public Interest Clinic. Available at: https://cippic.ca/uploads/FR_Transforming_Borders-OVERVIEW.pdf

Javanbakht, A. (2020). "The Matrix Is Already There: Social Media Promised to Connect Us, But Left Us Isolated, Scared, and Tribal." *The Conversation*, November 12. Available at: https://theconversation.com/the-matrix-is-already-here-social-media-promised-to-connect-us-but-left-us-isolated-scared-and-tribal-148799

Jonas, H. (1984). *The Imperative of Responsibility: In Search of an Ethics for the Technological Age*. Chicago: University of Chicago Press.

Kafka, F. (2009). *The Trial.* Translated by M. Mitchell. Oxford: Oxford University Press.

Karppi, T., Kähkönen, L., Mannevuo, M., Pajala, M., and Sihvonen, T. (2016). "Affective Capitalism: Investments and Investigations." *Ephemera: Theory & Politics in Organization* 16(4), pp. 1–13.

Kennedy, H., Steedman, R., and Jones, R. (2020). "Approaching Public Perceptions of Datafication through the Lens of Inequality: A Case Study in Public Service Media." *Information, Communication & Society*. Available at: https://doi.org/10.1080/136911

8X.2020.1736122

Kinkead, D., and Douglas, D. M. (2020). "The Network and the Demos: Big Data and the Epistemic Justifications of Democracy." In: K. McNish and J. Gailliott (eds.), *Big Data and Democracy*. Edinburgh: Edinburgh University Press, pp. 119–33.

Kleeman, S. (2015). "Woman Charged with False Reporting after Her Fitbit Contradicted Her Rape Claim." *Mic.com*, June 25. Available at: https://www.mic.com/articles/121319/fitbit-rape-claim

Korinek, A., and Stiglitz, J. (2019). "Artificial Intelligence and Its Implications for Income Distribution and Unemployment." In: A. Agrawal, J. Gans, and A. Goldfarb (eds.), *The Economics of Artificial Intelligence: An Agenda*. Chicago: University of Chicago Press, pp. 349–90.

Kozel, S. (2007). *Closer: Performance, Technologies, Phenomenology.*

Cambridge, MA: MIT Press.

Kurzweil, R. (2005). *The Singularity Is Near: When Humans Transcend Biology*. New York: Viking.

Kwet, M. (2019). "Digital Colonialism Is Threatening the Global South." *Al Jazeera*, March 13. Available at: https://www.aljazeera.com/indepth/opinion/digitalcolonialism-threatening-global-south-190129140828809.html

Laclau, E. (2005). *On Populist Reason*. New York: Verso.

Lagerkvist, A. (ed.) (2019). *Digital Existence: Ontology, Ethics and Transcendence in Digital Culture*. Abingdon: Routledge.

Lanier, J. (2010). *You Are Not a Gadget: A Manifesto*. New York: Borzoi Books.

Larson, J., Mattu, S., Kirchner, L., and Angwin, J. (2016). "How We Analyzed the COMPAS Recidivism Algorithm." *ProPublica*,May 23. Available at: https://www.propublica.org/article/how-we-analyzed-the-compas-recidivism-algorithm

Lash, S. (2007). "Power after Hegemony." *Theory, Culture & Society* 24(3), pp. 55–78.

Latour, B. (1993). *We Have Never Been Modern*. Translated by C. Porter. Cambridge, MA: Harvard University Press.

Latour, B. (2004). *Politics of Nature: How to Bring the Sciences into Democracy*. Translated by C. Porter. Cambridge, MA: Harvard University Press.

Lazzarato, M. (1996). "Immaterial Labor." In: P. Virno and M. Hardt (eds.), *Radical Thought in Italy: A Potential Politics*. Minneapolis: University of Minnesota Press, pp. 142–57.

Lazzarato, M. (2014). *Signs and Machines: Capitalism and the Production of Subjectivity*.

Translated by J. D. Jordan. Los Angeles: Semiotext(e).

Leopold, A. (1949). *A Sand County Almanac*. New York: Oxford University Press.

Liao, S. M. (ed.) (2020). *Ethics of Artificial Intelligence*. New York: Oxford University Press.

Lin, P., Abney, K., and Jenkins, R. (eds.) (2017). *Robot Ethics 2.0*. New York: Oxford University Press.

Llansó, E. J. (2020). "No Amount of 'AI' in Content Moderation Will Solve Filtering's Prior-Restraint Problem." *Big Data & Society* 7(1).Available at: https://doi.org/10.1177/2053951720920686

Loizidou, E. (2007). *Judith Butler: Ethics, Law, Politics*. New York: Routledge.

Lukes, S. (2019). "Power, Truth and Politics." *Journal of Social Philosophy* 50(4), pp. 562–76.

Lyon, D. (1994). *The Electronic Eye*. Minneapolis: University of Minnesota Press.

Lyon, D. (2014). "Surveillance, Snowden, and Big Data: Capacities, Consequences, Critique." *Big Data & Society* 1(2). Available at: https://doi.org/10.1177/2053951714541861

MacKenzie, A. (2002). *Transductions: Bodies and Machines at Speed*. London: Continuum.

MacKinnon, R., Hickok, E., Bar, A., and Lim, H. (2014). "Fostering Freedom Online:

The Role of Internet Intermediaries." Paris: United Nations Educational, Scientific and Cultural Organization (UNESCO). Available at: http://www.unesco.org/new/en/communication-and-information/resources/publications-and-communication-materials/publications/full-list/fostering-freedom-online-the-role-of-internet-intermediaries/

Magnani, L. (2013). "Abducing Personal Data, Destroying Privacy." In: M. Hildebrandt and K. de Vries (eds.), *Privacy, Due Process, and the Computational Turn*. New York: Routledge, pp. 67–91.

Mann, S., Nolan, J., and Wellman, B. (2002). "Sousveillance: Inventing and Using Wearable Computing Devices for Data Collection in Surveillance Environments." *Surveillance & Society* 1(3), pp. 331–55.

Marcuse, H. (2002). *One-Dimensional Man: Studies in the Ideology of Advanced Industrial Society*. London: Routledge.

Martínez-Bascuñán, M. (2016). "Misgivings on Deliberative Democracy: Revisiting the Deliberative Framework." *World Political Science* 12(2), pp. 195–218.

Marx, K. (1977). *Economic and Philosophic Manuscripts of 1844*. Translated by M. Milligan. Moscow: Progress Publishers.

Marx, K. (1990). *Capital: A Critique of Political Economy*. Vol. 1. Translated by B. Fowkes. London: Penguin.

Massumi, B. (2014). *What Animals Teach Us about Politics*. Durham, NC: Duke University Press.

Matzner, T. (2019). "Plural, Situated Subjects in the Critique of Artificial Intelligence." In: A. Sudmann (ed.), *The Democratization of Artificial Intelligence: Net Politics in the Era of Learning Algorithms*. Bielefeld: Transcript, pp. 109–22.

McCarthy-Jones, S. (2020). "Artificial Intelligence Is a Totalitarian's Dream – Here's How to Take Power Back." *Global Policy*, August 13. Available at: https://www.globalpolicyjournal.com/blog/13/08/2020/artificial-intelligence-totalitarians-dream-heres-how-take-power-back

McDonald, H. P. (2003). "Environmental Ethics and Intrinsic Value." In: H. P. McDonald (ed.), *John Dewey and Environmental Philosophy*. Albany: SUNY Press, pp. 1–56.

McKenzie, J. (2001). *Perform or Else: From Discipline to Performance*. New York: Routledge.

McNay, L. (2008). *Against Recognition*. Cambridge: Polity.

McNay, L. (2010). "Feminism and Post-Identity Politics: The Problem of Agency." *Constellations* 17(4), pp. 512–25.

McQuillan, D. (2019). "The Political Affinities of AI." In: A. Sudmann (ed.), *The Democratization of Artificial Intelligence: Net Politics in the Era of Learning Algorithms*. Bielefeld: Transcript, pp. 163–73.

McStay, A. (2018). *Emotional AI*: The Rise of Empathic Media. London: Sage Publications.

Miessen, M., and Ritts, Z. (eds.) (2019). *Para-Platforms: On the Spatial Politics of Right-Wing Populism*. Berlin: Sternberg Press.

Mill, J. S. (1963). *The Subjection of Women*. In: J. M. Robson (ed.), Collected Works of John Stuart Mill. Toronto: Routledge.

Mill, J. S. (1978). *On Liberty*. Indianapolis: Hackett Publishing.

Miller, D. (2003). *Political Philosophy: A Very Short Introduction*. Oxford: Oxford University Press.

Mills, C. W. (1956). *The Power Elite*. New York: Oxford University Press.

Moffitt, B. (2016). *Global Rise of Populism: Performance, Political Style, and Representation*. Stanford: Stanford University Press.

Moore, J. W. (2015). *Capitalism in the Web of Life: Ecology and the Accumulation of Capital*. London: Verso.

Moore, P. (2018). *The Quantified Self in Precarity: Work, Technology and What Counts*. New

York: Routledge.

Moravec, H. (1988). *Mind Children: The Future of Robot and Human Intelligence.* Cambridge, MA: Harvard University Press.

Morozov, E. (2013). *To Save Everything, Click Here: Technology, Solutionism, and the Urge to Fix Problems That Don't Exist.* London: Penguin.

Mouffe, C. (1993). *The Return of the Political.* London: Verso.

Mouffe, C. (2000). *The Democratic Paradox.* London: Verso.

Mouffe, C. (2005). *On the Political*: Thinking in Action. London: Routledge.

Mouffe, C. (2016). "Democratic Politics and Conflict: An Agonistic Approach." *Politica Comun* 9. Available at: http://dx.doi.org/10.3998/pc.12322227.0009.011

Murray, D. (2019). *The Madness of the Crowds: Gender, Race and Identity.* London: Bloomsbury.

Næss, A. (1989). *Ecology, Community and Lifestyle: Outline of an Ecosophy. Edited and translated by D. Rothenberg.* Cambridge: Cambridge University Press.

Nemitz, P. F. (2018). "Constitutional Democracy and Technology in the Age of Artificial Intelligence." *SSRN Electronic Journal* 376(2133). Available at: https://doi.org/10.2139/ssrn.3234336

Nguyen, C. T. (2020). "Echo Chambers and Epistemic Bubbles." Episteme 17(2), pp. 141–61.

Nielsen, K. (1989). "Marxism and Arguing for Justice." *Social Research* 56(3), pp. 713–39.

Niyazov, S. (2019). "The Real AI Threat to Democracy." *Towards Data Science*, November 15. Available at: https://towardsdatascience.com/democracys-unsettling-future-in-the-age-of-ai-c47b1096746e

Noble, S. U. (2018). *Algorithms of Oppression: How Search Engines Reinforce Racism*. New York: New York University Press.

Nozick, R. (1974). *Anarchy, State, and Utopia*. New York: Basic Books.

Nussbaum, M. (2000). *Women and Human Development*: The Capabilities Approach. Cambridge: Cambridge University Press.

Nussbaum, M. (2006). *Frontiers of Justice: Disability, Nationality, Species Membership*. Cambridge, MA: Harvard University Press.

Nussbaum, M. (2016). *Anger and Forgiveness: Resentment, Generosity, Justice*. New York: Oxford University Press.

Nyholm, S. (2020). *Humans and Robots: Ethics, Agency, and Anthropomorphism*. London: Rowman & Littlefield.

O'Neil, C. (2016). *Weapons of Math Destruction: How Big Data Increases Inequality and Threatens Democracy*. New York: Crown Books.

Ott, K. (2020). "Grounding Claims for Environmental Justice in the Face of Natural Heterogeneities." *Erde* 151(2–3), pp. 90–103.

Owe, A., Baum, S. D., and Coeckelbergh, M. (forthcoming). "How to Handle Nonhumans in the Ethics of Artificial Entities: A Survey of the Intrinsic Valuation of Nonhumans."

Papacharissi, Z. (2011). *A Networked Self: Identity, Community and Culture on Social Network Sites*. New York: Routledge.

Papacharissi, Z. (2015). *Affective Publics: Sentiment, Technology, and Politics*. Oxford: Oxford University Press.

Parikka, J. (2010). *Insect Media: An Archaeology of Animals and Technology*. Minneapolis: University Of Minnesota Press.

Pariser, E. (2011). *The Filter Bubble*. London: Viking.

Parviainen, J. (2010). "Choreographing Resistances: Kinaesthetic Intelligence and Bodily Knowledge as Political Tools in Activist Work." *Mobilities* 5(3), pp. 311–30.

Parviainen, J., and Coeckelbergh, M. (2020). "The Political Choreography of the Sophia

Robot: Beyond Robot Rights and Citizenship to Political Performances for the Social Robotics Market." *AI & Society*. Available at: https://doi.org/10.1007/s00146-020-01104-w

Pasquale, F. A. (2019). "Data-Informed Duties in AI Development" 119 Columbia Law Review 1917 (2019), U of Maryland Legal Studies Research Paper No. 2019-14. Available at SSRN: https://ssrn.com/abstract=3503121

Pessach, D., and Shmueli, E. (2020). "Algorithmic Fairness." Available at: https://arxiv.org/abs/2001.09784

Picard, R. W. (1997). *Affective Computing*. Cambridge, MA: MIT Press.

Piketty, T., Saez, E., and Stantcheva, S. (2011). "Taxing the 1%: Why the Top Tax Rate Could Be over 80%." *VOXEU/CEPR*, December 8. Available at: https://voxeu.org/article/taxing-1-why-top-tax-rate-could-be-over-80

Polonski, V. (2017). "How Artificial Intelligence Conquered Democracy." *The Conversation*, August 8. Available at: https://theconversation.com/how-artificial-intelligence-conquered-democracy-77675

Puschmann, C. (2018). "Beyond the Bubble: Assessing the Diversity of Political Search Results." *Digital Journalism* 7(6), pp. 824–43.

Radavoi, C. N. (2020). "The Impact of Artificial Intelligence on Freedom, Rationality, Rule of Law and Democracy: Should We Not Be Debating It?" *Texas Journal on Civil Liberties & Civil Rights* 25(2), pp. 107–29.

Rancière, J. (1991). *The Ignorant Schoolmaster.* Translated by K. Ross. Stanford: Stanford University Press.

Rancière, J. (1999). *Disagreement.* Translated by J. Rose. Minneapolis: University of Minnesota Press.

Rancière, J. (2010). *Dissensus.* Translated by S. Corcoran. New York: Continuum.

Rawls, J. (1971). *A Theory of Justice.* Oxford: Oxford University Press.

Rawls, J. (2001). *Justice as Fairness: A Restatement.* Cambridge, MA: Harvard University Press.

Regan, T. (1983). *The Case for Animal Rights.* Berkeley: University of California Press.

Rensch, A. T.-L. (2019). "The White Working Class Is a Political Fiction." *The Outline,* November 25. Available at: https://theoutline.com/post/8303/white-working-class-political-fiction?zd=1&zi=oggsrqmd

Rhee, J. (2018). *The Robotic Imaginary: The Human and the Price of Dehumanized Labor.* Minneapolis: University of Minnesota Press.

Ricoeur, P. (1978). "The Metaphor Process as Cognition, Imagination, and Feeling." *Critical Inquiry* 5(1), pp. 143–59.

Rieger, S. (2019). "Reduction and Participation." In: A. Sudmann (ed.), *The Democratization of Artificial Intelligence: Net Politics in the Era of Learning Algorithm.* Bielefeld: Transcript, pp. 143–62.

Rivero, N. (2020). "The Pandemic is Automating Emergency Room Triage." *Quartz*, August 21. Available at: https://qz.com/1894714/covid-19-is-boosting-the-use-of-ai-triage-in-emergency-rooms/

Roden, D. (2015). *Posthuman Life: Philosophy at the Edge of the Human*. London: Routledge.

Rolnick, D., Donti, P. L., Kaack, L. H., et al. (2019). "Tackling Climate Change with Machine Learning." Available at: https://arxiv.org/pdf/1906.05433.pdf

Rolston, H. (1988). *Environmental Ethics: Duties to and Values in the Natural World.* Philadelphia: Temple University Press.

Rønnow-Rasmussen, T., and Zimmerman, M. J. (eds.). (2005). *Recent Work on Intrinsic Value*. Dordrecht: Springer Netherlands.

Rousseau, J.-J. (1997). *Of the Social Contract*. In: V. Gourevitch (ed.), *The Social Contract and Other Later Political Writings*. Cambridge: Cambridge University Press, pp. 39–152.

Rouvroy, A. (2013). "The End(s) of Critique: Data-Behaviourism vs. Due-Process." In: M. Hildebrandt and K. de Vries (eds.), *Privacy, Due Process and the Computational Turn: The Philosophy of Law Meets the Philosophy of Technology*. London: Routledge, pp. 143–67.

Rowlands, M. (2009). *Animal Rights: Moral Theory and Practice*. Basingstoke: Palgrave.

Saco, D. (2002). *Cybering Democracy: Public Space and the Internet*. Minneapolis: University of Minnesota Press.

Sætra, H. S. (2020). "A Shallow Defence of a Technocracy of Artificial Intelligence: Examining the Political Harms of Algorithmic Governance in the Domain of Government." *Technology in Society* 62. Available at: https://doi.org/10.1016/j.techsoc.2020.101283.

Sampson, T. D. (2012). *Virality: Contagion Theory in the Age of Networks*. Minneapolis: University of Minnesota Press.

Sandberg, A. (2013). "Morphological Freedom – Why We Not Just Want It, but Need It." In: M. More and M. Vita-More (eds.), *The Transhumanist Reader*. Malden, MA: John Wiley & Sons, pp. 56–64.

Sartori, G. (1987). *The Theory of Democracy Revisited*. Chatham, NJ: Chatham House Publishers.

Sattarov, F. (2019). *Power and Technology*. London: Rowman & Littlefield.

Saurette, P., and Gunster, S. (2011). "Ears Wide Shut: Epistemological Populism, Argutainment and Canadian Conservative Talk Radio." *Canadian Journal of Political Science* 44(1), pp. 195–218.

Scanlon, T. M. (1998). *What We Owe to Each Other*. Cambridge, MA: Harvard University Press.

Segev, E. (2010). *Google and the Digital Divide: The Bias of Online Knowledge*. Oxford: Chandos.

Sharkey, A., and Sharkey, N. (2012). "Granny and the Robots: Ethical issues in Robot Care for the Elderly." *Ethics and Information Technology* 14(1), pp. 27–40.

Simon, F. M. (2019). "'We Power Democracy': Exploring the Promises of the Political Data Analytics Industry." *The Information Society* 35(3), pp. 158–69.

Simonite, T. (2018). "When It Comes to Gorillas, Google Photos Remains Blind." *Wired*, January 11. Available at: https://www.wired.com/story/when-it-comes-to-gorillas-google-photos-remains-blind/

Singer, P. (2009). *Animal Liberation*. New York: HarperCollins.

Solove, D. J. (2004). *The Digital Person: Technology and Privacy in the Information Age*. New York: New York University Press.

Sparrow, R. (2021). "Virtue and Vice in Our Relationships with Robots." *International Journal of Social Robotics* 13(1), pp. 23–9.

Stark, L., Greene, D., and Hoffmann, A. L. (2021). "Critical Perspectives on Governance Mechanisms for AI/ML Systems." In: J. Roberge and M. Castell (eds.), *The Cultural Life of Machine Learning: An Incursion into Critical AI Studies*. Cham: Palgrave Macmillan, pp. 257–80.

Stiegler, B. (1998). *Technics and Time, 1: The Fault of Epimetheus*. Translated by R. Beardsworth and G. Collins. Stanford: Stanford University Press.

Stiegler, B. (2019). *The Age of Disruption: Technology and Madness in Computational Capitalism*. Translated by D. Ross. Cambridge: Polity.

Stilgoe, J., Owen, R., and Macnaghten, P. (2013). "Developing A Framework for Responsible Innovation." *Research Policy* 42(9), pp. 1568–80.

Strubell, E., Ganesh, A., and McCallum, A. (2019). "Energy and Policy Considerations for Deep Learning in NLP." Available at: https://arxiv.org/abs/1906.02243

Suarez-Villa, L. (2009). *Technocapitalism: A Critical Perspective on Technological Innovation and Corporatism*. Philadelphia: Temple University Press.

Sudmann, A. (ed.) (2019). *The Democratization of Artificial Intelligence: Net Politics in the Era of Learning Algorithms*. Bielefeld: Transcript.

Sun, T., Gaut, A., Tang, S., Huang, Y., El Shereif, M., Zhao, J., Mirza, D., Belding, E., Chang, K.-W., and Wang, W. Y. (2019). "Mitigating Gender Bias in Natural Language Processing: Literature Review." In: A. Korhonen, D. Traum, and L. Marquez (eds.), *Proceedings of the 57th Annual Meeting of the Association of Computational Linguistics*, pp. 1630–40. Available at: https://www.aclweb.org/anthology/P19-1159.pdf

Sun, X., Wang, N., Chen, C.-y., Ni, J.-m., Agrawal, A., Cui, X., Venkataramani, S., El Maghraoui, K., Srinivasan, V. (2020). "Ultra-Low Precision 4-Bit Training of Deep Neutral Networks." In: H. Larochelle, M. Ranzato, R. Hadsell, M. F. Balcan, and H. Lin (eds.), *Advances in Neural Information Processing Systems 33 Pre-Proceedings*. Proceedings of the 34th Conference on Neutral Information Processing Systems (NeurIPS 2020), Vancouver, Canada.Available at: https://proceedings.neurips.cc/paper/2020/file/13b919438259814cd5be8cb45877d577-Paper.pdf

Sunstein, C. R. (2001). *Republic.com*. Princeton: Princeton University Press.

Susser, D., Roessler, B., and Nissenbaum, H. (2019). "Technology, Autonomy, and Manipulation." *Internet Policy Review* 8(2). https://doi.org/10.14763/2019.2.1410

Swift, A. (2019). *Political Philosophy*. Cambridge: Polity.

Tangerman, V. (2019). "Amazon Used an AI to Automatically Fire Low-Productivity Workers." *Futurism*, April 26. Available at: https://futurism.com/amazon-ai-fire-workers

Thaler, R. H., and Sunstein, C. R. (2009). *Nudge: Improving Decisions about Health, Wealth, and Happiness*. Revised edition. London: Penguin.

Thompson, N., Harari, Y. N., and Harris, T. (2018). "When Tech Knows You Better Than You Know Yourself." *Wired*, April 10. Available at: https://www.wired.com/story/artificial-intelligence-yuval-noah-harari-tristan-harris/

Thorseth, M. (2008). "Reflective Judgement and Enlarged Thinking Online." *Ethics and Information Technology* 10, pp. 221–31.

Titley, G. (2020). *Is Free Speech Racist?* Cambridge: Polity.

Tocqueville, A. (2000). *Democracy in America*. Translated by H. C. Mansfield and D. Winthrop. Chicago: University of Chicago Press.

Tolbert, C. J., McNeal, R. S., and Smith, D. A. (2003). "Enhancing Civic Engagement:

The Effect of Direct Democracy on Political Participation and Knowledge." *State Politics and Policy Quarterly* 3(1), pp. 23–41.

Tschakert, P. (2020). "More-Than-Human Solidarity and Multispecies Justice in the Climate Crisis." *Environmental Politics*. Available at: https://doi.org/10.1080/09644016.2020.1853448

Tufekci, Z. (2018)."Youtube, the Great Radicalizer." *The New York Times*, March 10.

Turkle, S. (2011). *Alone Together: Why We Expect More from Technology and Less from Each Other*. New York: Basic Books.

Umbrello, S., and Sorgner, S. (2019). "Nonconscious Cognitive Suffering: Considering Suffering Risks of Embodied Artificial Intelligence." *Philosophies* 4(2). Available at: https://doi.org/10.3390/philosophies4020024

UN (United Nations) (1948). *Universal Declaration of Human Rights*.Available at: https://www.un.org/en/about-us/universal-declaration-of-human-rights

UN (United Nations) (2018). "Promotion and Protection of the Right to Freedom of Opinion and Expression." Seventy-third session, August 29. Available at: https://www.undocs.org/A/73/348

UNICRI (United Nations International Crime and Justice Research Institute) and

INTERPOL (International Criminal Police Organization) (2019). *Artificial Intelligence and Robotics for Law Enforcement*. Turin and Lyon: UNICRI and INTERPOL. Available at: https://www.europarl.europa.eu/cmsdata/196207/UNICRI%20-%20Artificial%20intelligence%20and%20robotics%20for%20law%20enforcement.pdf

Vallor, S. (2016). *Technology and the Virtues*. New York: Oxford University Press.

van den Hoven, J. (2013). "Value Sensitive Design and Responsible Innovation." In: R. Owen, J. Bessant, and M. Heintz (eds.), *Responsible Innovation: Managing the Responsible Emergence of Science and Innovation in Society*. London: Wiley, pp. 75–83.

van Dijk, J. (2020). *The Network Society*. Fourth edition. London: Sage Publications.

Van Parijs, P. (1995). *Real Freedom for All*. Oxford: Clarendon Press.

Varela, F., Thompson, E. T., and Rosch, E. (1991). *The Embodied Mind: Cognitive Science and Human Experience*. Cambridge, MA: MIT Press.

Véliz, C. (2020). *Privacy Is Power: Why and How You Should Take Back Control of Your Data*. London: Bantam Press.

Verbeek, P.-P. (2005). *What Things Do: Philosophical Reflections on Technology, Agency, and Design*. University Park: Pennsylvania State University Press.

Vidal, J. (2011). "Bolivia Enshrines Natural World's Rights with Equal Status for Mother

Earth." *The Guardian*, April 10. Available at: https://www.theguardian.com/environment/2011/apr/10/bolivia-enshrines-natural-worlds-rights

von Schomberg, R. (ed.) (2011). *Towards Responsible Research and Innovation in the Information and Communication Technologies and Security Technologies Fields*. Luxembourg: Publication Office of the European Union. Available at: https://op.europa.eu/en/publication-detail/-/publication/60153e8a-0fe9-4911-a7f4-1b530967ef10

Wahl-Jorgensen, K. (2008). "Theory Review: On the Public Sphere, Deliberation, Journalism and Dignity." *Journalism Studies* 9(6), pp. 962–70.

Walk Free Foundation. (2018). *The Global Slavery Index*. Available at: https://www.globalslaveryindex.org/resources/downloads/

Wallach, W., and Allen, C. (2009). *Moral Machines*. New York: Oxford University Press.

Warburton, N. (2009). *Free Speech: A Very Short Introduction*. Oxford: Oxford University Press.

Webb, A. (2019). *The Big Nine: How the Tech Titans and Their Thinking Machines Could Warp Humanity*. New York: Hachette Book Group.

Webb, M. (2020). *Coding Democracy: How Hackers Are Disrupting Power, Surveillance, and*

Authoritarianism. Cambridge, MA: MIT Press.

Westlund, A. (2009). "Rethinking Relational Autonomy." *Hypatia* 24(4), pp. 26–49.

Winner, L. (1980). "Do Artifacts Have Politics?" *Daedalus* 109(1), pp. 121–36.

Winner, L. (1986). *The Whale and the Reactor*. Chicago: University of Chicago Press.

Wolfe, C. (2010). *What Is Posthumanism?* Minneapolis: University of Minnesota Press.

Wolfe, C. (2013). *Before the Law: Humans and Other Animals in a Biopolitical Frame*. Chicago: University of Chicago Press.

Wolfe, C. (2017). "Posthumanism Thinks the Political: A Genealogy of Foucault's The Birth of Biopolitics." *Journal of Posthuman Studies* 1(2), pp. 117–35.

Wolff, J. (2016). *An Introduction to Political Philosophy*. Third edition. Oxford: Oxford University Press.

Yeung, K. (2016). "'Hypernudge': Big Data as a Mode of Regulation by Design." *Information, Communication & Society* 20(1), pp. 118–36.

Young, I. (2000). *Inclusion and Democracy*. Oxford: Oxford University Press.

Zimmermann, A., Di Rosa, E., and Kim, H. (2020). "Technology Can't Fix Algorithmic Injustice." *Boston Review*, January 9. Available at: http://bostonreview.net/science-nature-politics/annette-zimmermann-elena-di-rosa-hochan-kim-technology-cant-fixalgorithmic

Zolkos, M. (2018). "Life as a Political Problem: The Post-Human Turn in Political Theory." *Political Studies Review* 16(3), pp. 192–204.

Zuboff, S. (2015). "Big Other: Surveillance Capitalism and the Prospects of an Information Civilization." *Journal of Information Technology* 30(1), pp. 75–89.

Zuboff, S. (2019). *The Age of Surveillance Capitalism: The Fight for a Human Future at the New Frontier of Power*. London: Profile Books.

國家圖書館出版品預行編目資料

AI世代：從政治哲學反思人工智慧的衝擊 / 馬克．科克爾柏格（Mark Coeckelbergh）著；鄭楷立 譯. -- 初版. -- 臺北市：商周出版，城邦文化事業股份有限公司出版：英屬蓋曼群島商家庭傳媒股份有限公司城邦分公司發行，民 2024.01
面；　公分. --（Discourse；126）
譯自：The Political Philosophy of AI: An Introduction
ISBN 978-626-318-988-1（平裝）
1. CST: 人工智慧　2. CST: 政治學
312.83　　112021084

線上版讀者回函卡

AI世代：從政治哲學反思人工智慧的衝擊

原著書名 / The Political Philosophy of AI: An Introduction
作者 / 馬克．科克爾柏格（Mark Coeckelbergh）
譯者 / 鄭楷立
企劃選書 / 嚴博瀚
責任編輯 / 嚴博瀚

版權 / 吳亭儀、林易萱
行銷業務 / 周丹蘋、賴正祐
總編輯 / 楊如玉
總經理 / 彭之琬
事業群總經理 / 黃淑貞
發行人 / 何飛鵬
法律顧問 / 元禾法律事務所　王子文律師
出版 / 商周出版
城邦文化事業股份有限公司
臺北市中山區民生東路二段141號9樓
電話：(02) 2500-7008 傳真：(02) 2500-7759
E-mail：bwp.service@cite.com.tw
發行 / 英屬蓋曼群島商家庭傳媒股份有限公司城邦分公司
臺北市中山區民生東路二段141號11樓
書虫客服服務專線：(02) 2500-7718．(02) 2500-7719
24小時傳真服務：(02) 2500-1990．(02) 2500-1991
服務時間：週一至週五09:30-12:00．13:30-17:00
郵撥帳號：19863813　戶名：書虫股份有限公司
讀者服務信箱E-mail：service@readingclub.com.tw
歡迎光臨城邦讀書花園　網址：www.cite.com.tw
香港發行所 / 城邦（香港）出版集團有限公司
香港九龍九龍城土瓜灣道86號順聯工業大廈6樓A室
電話：(852) 2508-6231　傳真：(852) 2578-9337
E-mail：hkcite@biznetvigator.com
馬新發行所 / 城邦（馬新）出版集團 Cité (M) Sdn. Bhd.
41, Jalan Radin Anum, Bandar Baru Sri Petaling,
57000 Kuala Lumpur, Malaysia
電話：(603) 9057-8822　傳真：(603) 9057-6622
Email：services@cite.my

封面設計 / 鄭宇斌
排版 / 新鑫電腦排版工作室
印刷 / 韋懋實業有限公司
經銷商 / 聯合發行股份有限公司
電話：(02) 2917-8022　傳真：(02) 2911-0053
地址：新北市231新店區寶橋路235巷6弄6號2樓

■2024年1月初版
定價 500 元

Printed in Taiwan
城邦讀書花園
www.cite.com.tw

ISBN　978-626-318-988-1

商周出版

廣	告	回	函
北區郵政管理登記證			
台北廣字第000791號			
郵資已付，免貼郵票			

104台北市民生東路二段141號11樓

英屬蓋曼群島商家庭傳媒股份有限公司　城邦分公司

請沿虛線對摺，謝謝！

商周出版

書號：BK7126	**書名：**AI世代	**編碼：**

請於此處用膠水黏貼

商周出版

讀者回函卡

線上版讀者回函卡

感謝您購買我們出版的書籍！請費心填寫此回函卡，我們將不定期寄上城邦集團最新的出版訊息。

姓名：＿＿＿＿＿＿＿＿＿＿　性別：☐男　☐女

生日：西元＿＿＿＿年＿＿＿＿月＿＿＿＿日

地址：＿＿＿＿＿＿＿＿＿＿

聯絡電話：＿＿＿＿＿＿＿＿　傳真：＿＿＿＿＿＿＿＿

E-mail：

學歷：☐ 1. 小學 ☐ 2. 國中 ☐ 3. 高中 ☐ 4. 大學 ☐ 5. 研究所以上

職業：☐ 1. 學生 ☐ 2. 軍公教 ☐ 3. 服務 ☐ 4. 金融 ☐ 5. 製造 ☐ 6. 資訊
☐ 7. 傳播 ☐ 8. 自由業 ☐ 9. 農漁牧 ☐ 10. 家管 ☐ 11. 退休
☐ 12. 其他＿＿＿＿＿＿＿＿

您從何種方式得知本書消息？

☐ 1. 書店 ☐ 2. 網路 ☐ 3. 報紙 ☐ 4. 雜誌 ☐ 5. 廣播 ☐ 6. 電視
☐ 7. 親友推薦 ☐ 8. 其他＿＿＿＿＿＿＿＿

您通常以何種方式購書？

☐ 1. 書店 ☐ 2. 網路 ☐ 3. 傳真訂購 ☐ 4. 郵局劃撥 ☐ 5. 其他＿＿＿＿

您喜歡閱讀那些類別的書籍？

☐ 1. 財經商業 ☐ 2. 自然科學 ☐ 3. 歷史 ☐ 4. 法律 ☐ 5. 文學
☐ 6. 休閒旅遊 ☐ 7. 小說 ☐ 8. 人物傳記 ☐ 9. 生活、勵志 ☐ 10. 其他

對我們的建議：＿＿＿＿＿＿＿＿＿＿

【為提供訂購、行銷、客戶管理或其他合於營業登記項目或章程所定業務之目的，城邦出版人集團（即英屬蓋曼群島商家庭傳媒（股）公司城邦分公司、城邦文化事業（股）公司），於本集團之營運期間及地區內，將以電郵、傳真、電話、簡訊、郵寄或其他公告方式利用您提供之資料（資料類別：C001、C002、C003、C011 等）。利用對象除本集團外，亦可能包括相關服務的協力機構。如您有依個資法第三條或其他需服務之處，得致電本公司客服中心電話 02-25007718 請求協助。相關資料如為非必要項目，不提供亦不影響您的權益。】

1.C001 辨識個人者：如消費者之姓名、地址、電話、電子郵件等資訊。
2.C002 辨識財務者：如信用卡或轉帳帳戶資訊。
3.C003 政府資料中之辨識者：如身分證字號或護照號碼（外國人）。
4.C011 個人描述：如性別、國籍、出生年月日。

請於此處用膠水黏貼